形式化构件装配的领域算法构造

石海鹤　周卫星　著

科学出版社

北京

内 容 简 介

算法作为计算机软件的核心,其可靠性和开发效率对于软件的可信性及应用发展具有重要意义.算法自动化是提高算法开发效率、保证算法可靠性的重要途径之一.

本书结合著者所在学术团队已取得的软件形式化方法 PAR 及其支撑平台,将生成式程序设计的思想引入到算法开发中来,借助领域建模的概念和方法对置换、查找、序列比对类算法进行抽象,建立了领域特定语言和算法生成模型,开发了领域算法高可靠构件库,自动构件组装生成了三十余个经典的部分领域算法,并构建了具备相应生成能力的系统,从而显著提高了领域算法的开发效率和可靠性,并可望从方法学和实践上为特定领域高可靠算法的开发提供新思路.

本书是我们在领域算法构件自动生成方面的创新性研究成果,对软件开发人员和研究人员具有参考价值.

图书在版编目(CIP)数据

形式化构件装配的领域算法构造/石海鹤,周卫星著. —北京:科学出版社,2020.12

ISBN 978-7-03-066878-3

Ⅰ.①形⋯ Ⅱ.①石⋯ ②周⋯ Ⅲ.①电子计算机-算法设计
Ⅳ.①TP301.6

中国版本图书馆 CIP 数据核字(2020)第 224921 号

责任编辑:胡庆家 李 萍/ 责任校对:彭珍珍
责任印制:吴兆东 / 封面设计:无极书装

科 学 出 版 社 出版
北京东黄城根北街 16 号
邮政编码:100717
http://www.sciencep.com

北京中石油彩色印刷有限责任公司 印刷
科学出版社发行 各地新华书店经销
*
2020 年 12 月第 一 版 开本:720×1000 1/16
2022 年 1 月第二次印刷 印张:8
字数:165 000
定价:**68.00 元**
(如有印装质量问题,我社负责调换)

前　言

算法的可靠性和开发效率对于软件的可信性及应用发展具有重要意义. 算法自动化是提高算法开发效率、保证算法可靠性的重要途径之一. 当前大多数算法设计自动化的研究都是基于自顶向下、逐步求精的方法来完成从规约到算法的求解过程, 自顶向下、逐步求精的方法难以触及算法设计的本质规律, 因而基于该方法的研究难以真正提高算法设计自动化的水平及实用性. 本书以著者前期研究工作为基础, 开展了形式化方法制导下的算法程序自动化研究. 作为一种统一的开发复杂算法的简单方法, PAR 为算法程序自动化提供了有力支持, 它由泛型规约和算法描述语言 Radl、泛型抽象程序设计语言 Apla、系统的算法和程序设计方法学及新型顺序软件开发平台组成. 在算法设计阶段, 提出了问题分划法则、规约变换策略和 Radl 算法生成法则, 进一步具体化了循环不变式新开发策略, 支持从问题的形式化功能规约生成求解问题的 Radl 算法及循环不变式的过程; 并提出了应用于算法生成的泛型方法, 包括生成递推关系和生成 Apla 程序两个方面. 这些法则、策略和方法将算法开发中尽可能多的创造性劳动转化为非创造性劳动, 从而降低了形式化开发算法的难度, 使算法程序的形式化开发效率和正确性得到提高.

本书对 2017 年出版的《形式化框架下置换和查找类算法的组装生成》的内容作了进一步的优化、补充和完善. 选取排序类、查找类算法作为研究的突破口, 并通过深入分析基于动态规划的双序列比对算法 (Dynamic Programming-based Pairwise Sequence Alignment Algorithm, DPPSAA)领域, 利用产生式编程方法设计并建立了 DPPSAA 领域特征模型, 使用 PAR 平台高抽象程序设计语言 Apla 对其进行形式化实现, 从而建立了一个高抽象 DPPSAA 构件库, 展示了基于该构件库装配形成 Needleman-Wunsch 算法的具体过程.

本书工作得到了国家自然科学基金项目(62062039, 61662035)和江西省自然科学基金项目(20202BAB202024)的资助, 引用了一些专家学者的论著和研究成果, 本书作者石海鹤系江西师范大学教授, 本书得到了江西师范大学和科学出版社的大力支持, 作者在此表示感谢!

限于水平, 书中错误和不妥之处难免, 敬请读者批评指正.

江西师范大学 石海鹤

2020 年 12 月 6 日于江西南昌

目　　录

第1章 引　言

1.1　研　究　背　景

随着社会对信息技术的依赖性日益增长, 处于信息技术核心的计算机软件的可信性被提到一个新的高度, 国内外都很重视并已开展大量的研究工作. Hoare 组织的关于软件验证的国际性项目被认为是计算机科学界 21 世纪的一个重大挑战性问题[1,2]; 美国 DARPA, NASA, NSA, NSF, NCO/ITRD 等机构都积极参与可信项目的研究开发并制定一系列官方报告[3,4], 美国政府制定的 2006—2015 国家软件发展战略——"下一代软件工程" 中, 也将提高软件可信性放在四大战略任务的首位. 国内学者纷纷参与到这一国际课题的讨论中[5-8]. 目前, 对软件可信性的需求已从安全性至关重要的领域, 如国防、航空航天、医疗器械等领域扩展到能源、通信、财经、制造业等关键领域.

算法程序是指用可执行程序设计语言或抽象程序设计语言描述的算法, 作为软件的核心, 其可靠性和开发效率对于软件的可信性及应用发展具有重要意义. 算法程序自动化研究从形式化功能规约到可执行程序这一过程的自动化, 是提高算法开发效率、保证算法可靠性的重要途径[5,6]. 图灵奖获得者 Gray[9]将 "自动程序设计" (Automatic Programming)列为 21 世纪信息技术领域的 12 个重要研究目标之一, *Newsweek International*[10], *ComputerWorld*[11], *IEEE Software*[12]等多家期刊也对该领域成果进行了报道.

算法程序自动化可分为算法设计和程序实现两个阶段. 程序实现阶段的工作是完成从求解算法到计算机上可执行语言程序的自动转换, 这一阶段的工作近年来进展较为顺利, 技术已相对成熟. 而算法设计阶段需要从刻画 "做什么" 的问题功能规约自动地生成反映 "如何做" 的求解算法, 由于算法设计(特别是精妙算法的设计)是软件开发中知识高度密集的创造性劳动, 目前人工智能技术难以处理这类创造性劳动, 现有的各种算法程序的优化技术也难以产生精妙算法, 因此算法设计自动化已成为软件自动化的难点和关键, 在软件自动化领域尚未得到很好解决.

1.2　研究目标和内容

算法形式化方法严格、精确地定义了用户需求, 形式化规约的求精过程具有可推导、易证明的特性，在保证算法的正确性、展示算法设计的过程、揭示算法蕴含的思想方面具有重要的意义，是寻求算法设计的本质特征和一般规律的有效途径，从而有利于实现算法程序自动化.

PAR[13-15]是在对现存算法程序设计方法局限性和大量算法程序特性深入研究的基础上提出的一种实用的形式化方法，是多项国家级项目连续资助下形成的原创性成果. 该方法将特殊问题中使用的分划和递推技术相结合，涵盖了如动态规划法、贪心法、分治法、穷举法等多种已知的算法设计技术，恰当地区分了开发过程中的创造性劳动和非创造性劳动，为算法程序自动化提供了有力支持.

由于通用的算法自动生成是很难的问题，人们往往研究某些特殊领域的算法自动生成. 本书以 PAR 方法为基础，选取置换、查找、序列比对这三类特殊领域作为研究对象，开展了形式化方法制导下的算法程序自动化研究，通过寻找算法程序设计的规律，提出新的科学符号、方法和技术来逐步减少算法程序开发中的创造性劳动，从而逐步提高从问题规约生成算法程序的自动化程度.

本书利用形式化框架 PAR 在揭露算法本质及算法设计规律、形式化开发复杂算法方面的优势，就置换、查找、序列比对这三类特殊领域求解算法的自动生成进行的探索，拓展了 PAR 方法和 PAR 平台，把算法设计从单纯依靠灵感和技巧的活动转变为规范化的程序生成活动，显著提高了算法程序的开发效率和可靠性，为有效算法的设计、可靠部件库的设计及重用、自动程序设计提供了支持.

第 2 章 算法程序自动化方法概述

算法程序形式化是算法程序自动化的基础和关键, 因此在实际研究算法程序自动化的过程中, 总是会结合着对算法程序形式化的研究. 算法程序形式化和自动化在理论和实践上都处于方兴未艾的发展阶段, 国内外很多学者针对不同的问题, 采用不同的技术在算法程序形式化和自动化方面开展了许多研究工作. 虽然有些工作较少涉及算法设计自动化, 但是其研究方法、研究途径和研究成果均构成了算法设计自动化研究的基础.

2.1 基于演绎推理的方法

该方法将算法程序设计看作演绎过程, 从给定的问题规约出发, 使用各种规则进行演绎和搜索, 借助演绎推理综合出程序. 问题规约通常使用基于一阶谓词逻辑的前后置断言来表示.

使用定理证明技术方面, 较典型的是 Manna 和 Waldinger 的 Tableau 方法[18,19], 它将数学定理的构造性证明与程序开发相联系, 将问题规约变成待证的定理, 把开发步骤解释为证明步骤, 证明过程伴随程序的构造, 证明的成功结束表示程序构造完毕, 即可从证明中抽取相应的类 LISP 函数式程序. 系统中使用一张由断言、目标和输出表达式三部分组成的序表(sequent), 其中断言和目标用一阶逻辑表达而输出表达式用类 LISP 语言表达, 该表的含义是, 如果每一断言的所有实例为真, 那么至少有一目标的实例为真且相应的输出表达式满足给定的规约. 系统运行就是使用各种规则不断地改变这张表而不改变其含义, 直到完成证明为止, 相应的输出表达式即为所导出的程序. 为了克服纯定理证明技术所带来的局限性, 该方法将合一、归结、数学归纳法和程序变换技术相结合, 统一在定理证明框架之下. Martin-Löf 构造性类型理论既是一种逻辑, 又是一种程序设计语言, 在其中程序规约可作为类型, 而类型又是公式, 对公式的证明对应于程序的开发, Nuprl 系统[20,21]、Coq 系统[22]就是基于 Martin-Löf 类型理论的程序开发系统, 交互的以自顶向下的方式构造证明, 证明结束后便可从中抽取相应的函数式程序. 这类方法具有健全的数学基础, 综合一个满足给定规约的程序问题形式上等价于找到此规约满足的一个构造性证明. 演绎本质上是搜索推理路径的问题, 由于搜索方法的低效, 尚未开发出规模较大的复杂程序. 另外, 它所寻求的构造性证明, 往往对应的是低效算法.

Buchberger 和 Craciun 提出一种"惰思考"(lazy thinking)的算法综合方法[23],将原始规约看成需证明的定理, 证明和算法发现交替进行, 进行第一回合的证明; 当证明进行不下去时, 再添加相应的知识(即发明算法的一部分)到知识库中, 再试着进行第二回合的证明与发现, 直到碰到某种情形无法继续, 再添加知识到知识库, 如此下去, 直到最后成功地完成证明, 得到完整的知识库. 这里的"惰思考"表现为证明时遇到无法进行下去的情形, 再来考虑该添加什么样的已知条件才能使得证明可以继续, 如此循环, 直到证明完成.

Floyd[24], Dijkstra[25,26], Gries[27]等提出并发展了一种基于演绎推理的程序开发方法, 将程序和其正确性证明"手拉手"地开发出来, 且程序的每个片段的证明总是先于该片段代码而得到. 文献[28-30]基于演绎推理技术进一步开展了相关的研究, 通过加入更多的演算技术来展示如何从规约得到程序. IBM 的 Yakhnis[31]等研究人员研究了程序推导技术和正确性证明的重用问题, 创建了一个泛型算法库. 用户求解问题时, 从库中选一规约与待求解的问题规约匹对, 建立标识符映射, 通过替换泛型算法的相应标识符来得到求解问题的算法, 但是他们没有提供对中间过程而仅提供对最后结果的重用, 也没有提供任何支持工具. 这类方法的重点放在开发程序而不是设计算法上, 它将程序正确性证明的理论融合到开发过程中, 边开发边保证程序的正确性, 自动化程度低, 且使用该方法构造循环程序, 必须先开发出循环不变式, 这是公认的难题. 另外, 基于循环不变式的传统定义及开发策略, 这些工作开发的循环不变式可能存在着不足以反映程序中每个循环变量的变化规律及不能刻画循环程序本质特征等问题.

Cocktail[32]是在其基础上发展的交互式工具, 目的是支持 Dijkstra/Hoare 式的程序演算方法, 对从规约推导出 GCL(Dijkstra 的卫式命令语言(Guarded Command Language))程序提供语义支持. Cocktail 用 Java 编写, 系统中混合了 PTSs(Pure Type Systems), ATP(Automated Theorem Prover)及 Hoare 逻辑等理论作为逻辑基础, 保持对所有证明约束(proof obligations)的跟踪、支持程序员构建证明以及检查证明和程序的正确性. 该工具实际上是分担程序员必须手工对证明约束进行管理的事务, 目前主要用于教育环境.

在开发排序算法程序方面, Backhouse[33]使用一阶逻辑谓词精确地描述排序问题, 构造了冒泡排序和堆排序, 在构造过程中, 总是先对已知的冒泡(堆)排序思想进行分析, 然后构造出冒泡(堆)排序的循环不变式, 进而在程序正确性证明理论的指导下非形式化推导出相应的 Pascal 子集描述的程序. 类似地, Dromey 等[34,35]使用前后置断言刻画程序规约, 在最弱前置谓词理论指导下推导出使用卫式命令语言描述的直接选择排序、冒泡排序、插入排序及快速排序. 与 Backhouse 不同的是, Dromey 给出了适合程序推导的规约标准, 即如果一个规约满足以下标准,

则认为是适合程序推导的: ①容易对自由变量进行初始化以便满足后置断言;
②容易检查初始化语句是否满足后置断言. 在程序推导过程中, 从问题的规约出
发, 引进自由变量替换后置断言中的某些常量来对后置断言加强约束, 从而使得
规约满足给定的标准, 接下来对这些自由变量进行初始化, 将规约中通过该初始
化能够满足的式子作为循环不变式 ρ, 不能被满足的部分作为终止条件, 并根据
该终止条件猜出循环变量的递增或递减的变化方式, 再根据 ρ 计算最弱前置谓词
来得到循环的其他语句.

2.2　程序变换方法

程序变换是一种形式化开发有效程序的方法, 也是实现自动程序设计的重要
途径, 具有易实现、易修改和易扩充等特点. 对程序变换的研究始于 20 世纪 70
年代中期, 它根据某些保持正确性的变换规则将一个程序变换到另一语义上等价
的新的程序, 其基本出发点是既要保证程序的正确性, 又要提高程序的效率[36].
我们把使用程序变换方法来开发算法程序的过程称为算法程序变换, 即从问题的
形式化功能规约出发, 通过一系列功能等价的变换, 最终得到一个正确、高效的求
解问题的算法程序. 使用算法程序变换来实现算法程序自动化是指, 以算法程序
变换方法为核心, 为变换过程提供各种自动化的支持.

随着研究的广泛展开和逐步深入, 对程序变换的研究已经扩展到从软件规约
说明到代码生成的各个软件研制阶段, 研究从非常抽象的规约说明语言到可执行
语言间的一系列变换问题, 程序变换被应用在程序综合、定理证明、程序分析、
程序优化、程序进化、程序编译等方面[37].

用程序变换方法开发算法程序具有以下优点: 用可重用性规则表达算法程序
设计知识; 自动产生设计决策文档等[38]. 问题规约和变换规则的形式化特征, 使
得很多工作可以借助于计算机工具来机械地完成, 如验证变换的可用性条件, 记
录算法程序开发历史等[39], 从而可大大减轻程序员的负担, 便于开发复杂算法程
序, 提高算法程序的正确性、可靠性和运行效率.

按变换手段, 可将程序变换分成以下三类:

(1) 手工变换. 该类变换完全靠用户来实施, 系统提供极少的支持. 一个手工变
换系统若要达到真正实用, 需要非常强大的变换规则的支持. 早期的 Algorithmics[40]
就属于手工变换类.

(2) 半自动变换(交互式变换). 该类变换需要用户在一些很难的变换上给予
协助, 如通过选取变换规则或给出启发式信息和系统进行交互, 以便于变换的继
续进行. 后续介绍的很多系统都属于该类变换.

(3) 自动变换. 完全由支持变换的系统自动实施变换, 不需要人工干预. 这类系统往往限制问题求解域, 应用特定领域的启发式信息进行变换.

其中手工变换对于研究变换技术、寻找变换的一般规律必不可少, 但过于繁琐; 自动变换由于需要配备庞大的变换规则系统而使得代价过高, 且应用上受到相当限制; 半自动变换可以克服前面两者的缺点, 把人和机器双方的特点结合起来, 从而使变换系统保持较小的规模[41].

一般地, 按抽象级别可将程序变换分成两类[42]: 横向变换及纵向变换. 横向变换指在相同(或类似)的抽象级上将一个语言成分转化为另一个与之等价但效率更高的语言成分, 起到优化和提高效率的作用, 如 unfold/fold 技术、递归程序的变换、递归的消去、迭代程序的变换、程序优化等. 纵向变换指由一抽象级别较高的程序(或形式规约)变换至另一正确的抽象级别较低的程序(或形式规约), 例如, 从 "做什么" 的功能规约到 "如何做" 的设计规约的变换、从高级程序语言到机器代码的编译技术等. 在实际算法程序的开发过程中, 这两类变换总是结合使用, 直至达到最终目的.

2.2.1　横向变换

横向变换的典型工作是英国爱丁堡大学 Burstall 和 Darlington 等研制的 POP-2 系统[43], 其目标是自动地将一阶递归等式语言 NPL 描述的程序变换成效率较高的命令式循环程序, 从而达到通过静态修改程序正文实现程序动态计算功能优化的目的. 所使用的核心技术是 fold/unfold[44], 包括定义、实例化、展开(unfolding)、卷叠(folding)、抽象及用定律六条基本变换规则, 其开发步骤为: ①写出问题的功能规约; ②根据规约写出函数式递归程序; ③用系统将递归程序转换成循环程序, 并进行局部优化, 得到效率较高的命令式程序. POP-2 系统采用的技术及变化规则简洁有力, 但其规则是部分正确的, 被变换程序可能失去终止性, 且规则集是不完备的; 在许多关键步骤依赖于人的决策, 以指导变换的继续进行. 在 POP-2 基础上研制的 ZAP 系统[45]提供了一种控制程序变换过程的元语言, 用于书写变换目标与变换策略, 以指导变换过程. 较之 POP-2, 该系统所能处理的程序规模有一定提高, 不足之处在于元语言的表达能力较弱, 抽象级别低.

程序重构(Program Refactoring)[46]在不改变代码原有功能的前提下, 对代码作出修改, 以改进程序的内部结构, 使软件更容易被理解和被修改, 并将整理过程中不小心引入错误的概率降到最低. Martin Fowler 给出了组合方法、组织数据、简化条件语句、简化方法调用、处理泛化关系等几大类 70 多个重构准则, 适用于不同 "坏味道" 代码的重构. 此外, 可以使用相关工具来辅助重构, 如使用静态分析工具 CheckStyle, PMD, JavaNCSS 等[47]识别代码 "坏味道". 文献[48]设计和实现了一个框架, 允许程序员用 Lisp 语言描述对 Tangram 程序重构, 在保持

Tangram 源代码性能的同时提高它的可读性.

Liu 等研究了增量计算在程序优化中的作用, 提出了一种系统的优化直接递归程序的方法[49], 该方法使用静态分析技术、程序变换技术和缓存技术, 根据输入增量来增量化原程序, 形成一个优化的动态规划程序, 使它用适当的数据结构有效地缓存和使用所需子问题的计算结果.

另外, 程序优化技术在软件开发实践特别是编译程序中使用广泛, 它的变换规则很多, 包括有限差分、部分求值、函数内联、过程展开、递归消除等.

2.2.2　纵向变换

这方面的典型工作是西德慕尼黑技术大学研制的 CIP (Computer-aided Intuition-guided Programming)系统[50-52], 它把程序设计的过程看成程序在不同抽象级别上逐步 "进化" 的过程, 由交互式程序变换系统 CIP-S[51]完成在广谱语言 CIP-L[50]内部从功能规约到设计规约直至命令式程序的变换, 目标语言是 Pascal 或类 Algol 语言. 程序的开发过程被分成若干阶段: ①写出形式化功能规约; ②对规约变换得到非确定性的递归程序; ③将递归程序变换成确定性的尾递归形式; ④程序优化; ⑤将尾递归程序变换成有效的过程式循环程序. 它明确提出人的直觉与程序设计经验在变换过程中的作用, 但未能解决如何表示人的直觉与经验并用于变换过程的自动化. 通过人的干预来控制变换过程中不确定的选择, 达到提高系统效率和缩小系统规模的目的. 由于要考虑通用性问题, 系统中需要支持一个适于描述各级程序的广谱语言及其庞大的编译系统, 并必须提供大量的用于各级程序之间的变换规则, 因此变换系统十分复杂, 并且能真正完成的变换问题的规模一直停留在实验性小型程序上, 所以尽管 CIP 系统的研究已有多年的历史, 但仍未真正实用. 在此基础上研制的 PROSPECTRA(PROgram Development by SPECification and TRAnsformation)[53]提供了丰富的语言族, 如程序规约语言 PA^{nn}dA-S、程序设计语言 PA^{nn}dA、变换规约语言 TrafoLa-S、变换描述语言 TrafoLa、命令语言 ControLa、目标语言 Ada 或 C 等, 其中 TrafoLa-S⊇ PA^{nn}dA-S⊃ControLa. 它将程序的验证集成到开发过程中, 由变换规则的正确性及验证系统的验证来保证程序的正确性; 通过高阶函数与代数规约及谓词相结合的方式来描述形式化需求规约, 以达到高度抽象; 引进元程序开发模式, 从而可以开发有效的变换程序; 将所有的开发活动都视为变换. PROSPECTRA 的原型开发系统包含一个初始的规约库和一个较大的已实现的变换集合, 支持结构化编辑、渐增式静态语义检查、交互式上下文相关的变换和验证、版本管理等. 使用该系统开发算法程序可分成四个阶段: ①写出非形式化的规约; ②构建形式化的 PA^{nn}dA-S 规约, 并针对①进行确认(validation); ③转换成形式化的PA^{nn}dA-S 设计规约, 并做验证(verification); ④通过变换构建命令式 PA^{nn}dA 程序, 并做验证. 系统中只提供了少量的变换规则用来实现②到③的变换, 即从问题功能规约到设计规约的变换, Split of Postcondition 规则实现对后置断言的拆分, 以便从函数的谓词或公理规约综合出最初的递归函数.

NDADAS(ND Algorithm Design Automation System)[42,54]是南京大学计算机软件所研制的算法设计自动化系统, 它以广谱规约说明语言 FGSPEC (Functional Graphical SPECcification)为基础, 使用演绎与转换相结合的途径, 完成从 FGSPEC 函数功能规约到相应的算法性设计规约之间的自动/半自动变换. 采用基于一阶谓词演算的前后置断言作为函数的功能规约描述机制, 它采用功能规约分解树模型, 从给定的 FGSPEC 函数功能规约开始的变换过程由一系列自顶向下的精化步构成, 每一精化步将某一函数功能规约或按某一控制结构分解成若干子函数的功能规约, 或变换成另一易于求解的函数功能规约或算法已知的基元函数功能规约. 此过程一直进行到所有未分解的(子)函数功能规约均是基元函数功能规约(可由抽象数据类型上所定义的运算满足)为止, 结果即为相应的函数设计规约. 在软件分解的最细一层上, 实现各部分的自然衔接, 完成数据上的实际操作. 而对于上述过程中所涉及的数据对象及其上的基本操作, 则采用抽象数据类型的方法, 自底向上, 逐层构建, 最终与问题领域中的对象有较为直接的对应关系. 算法设计方法是NDADAS 系统的重要组成部分, 作用于变换过程的初始阶段, 决定了设计规约的总体结构. 为了减少选择算法设计方法的盲目性, 提高准确性, 需主要通过系统中的问题分析机制分析函数功能规约的主要特征, 据此从知识库中选出特征相符的归约规则作为算法设计的模板. 再利用分解机制, 应用选出的归约规则对当前问题进行算法设计, 完成从功能规约到设计规约的自动分解.

MAP[55,56]是一个用 SICStus Prolog 实现的、支持逻辑程序交互式开发的实验性系统, 主要基于 unfold-fold 技术, 并加进了自己的策略. 从一个给定的初始程序开始, 程序开发过程由一些预定义变换规则的一系列应用组成. 与此对应的, 主要使用 unfold-fold 技术的 Ultra[57]是一个在 CIP-S 基础上设计的、使用函数式程序设计语言 Gofer 编写的交互式程序变换系统, 目的是辅助程序员从高阶描述性或操作性规约形式化推导出正确有效的函数式程序, 用户或系统选定规则后, 系统支持规则的应用. 该系统目前主要用于形式化方法的教学.

目前的工作较多地集中于抽象算法的细化而不是算法的自动生成, 研究算法细化的规则而对从非算法的问题规约设计算法的规则研究很少, 并且变换规则的选择往往由用户完成, 自动化程度不高.

应用变换技术开发排序算法的研究工作较多. 基于 fold/unfold 变换规则, Clark 和 Darlington[58]使用非形式化的一阶谓词逻辑表示规约和程序, 从一个公共的 sort 谓词出发, 开发了归并排序、插入排序、快速排序和选择排序. 这四个排序程序分别来自两条不同的变换路径: 一条路径是先将输入序列 x1^x2 的两个子序列 x1 和 x2 分别排序得到 y1 和 y2(即 sort(x1,y1)和 sort(x2,y2)), 然后对中间结果 y1^y2 置换得到结果序列 z1^z2(即 perm(y1^y2, z1^z2), 这导致了算法 merge sort 和 insertion sort. 另一条路径是输入序列 x1^x2 先被置换成中间序列 y1^y2(即 perm(x1^x2, y1^y2)), 然后 y1 和 y2 分别被排序成 z1 和 z2(即 sort(y1,z1)和 sort(y2,z2)), 从而得到输出序列 z1^z2, 这条路径开发出了 quick sort 和 selection sort. 此外, 这里开发的 quick sort 算法和通常所指的 Hoare 的 Quicksort 不同, 区别在于这里的划分元(discriminating element)每次都出现在划分里, 而 Hoare 的算法中, 每次划分都有一个元素从划分序列中移除. Broy[59]使用 CIP 的方法学, 通过应用不同的设计决策, 开发了插入类、选择类、归并类等排序算法. 其中使用 CIP-L 语言刻画排序问题, 在直觉指导下使用嵌入变换规则、分情形分析和 unfold 规则等进行规约的分解与细化, 使用化简与重排等对表达式变形, 利用 fold 规则开发递归程序, 然后递归消除得到迭代程序. Lau 等[60,61]采用 fold/unfold 技术, 沿着自顶向下的方式, 从一阶谓词逻辑所刻画的规约变换出递归逻辑程序. 该方法可寻求一定的系统支持, 在开发过程中, 要求用户将一个表达算法设计策略的卷叠问题(a folding problem)输入到系统, 卷叠问题给出了最后的结果中 fold 的形式(即递归调用的形式), 系统通过对它的求解来得到用谓词子句集合表示的递归算法. Guttmann[62]使用函数式程序设计语言 Haskell 作为规约语言和目标语言, 从非确定性的 Haskell 规约出发, 在半自动程序变换系统 Ultra[57]的支持下, 使用 unfold-fold 方法学推导出 Heapsort 程序.

Borges 和 RaVelo[63]主要基于 Bird-Meertens 演算[64], 从排序问题的一个高阶规约开始, 连续使用保持语义等价的演算规则进行变换, 得到一个插入排序的作用式(applicative)递归程序, 再使用演算规则将其变换到命令式程序. 使用类似的方法, Almeida 和 Pinto[65]将 Haskell 描述的插入排序算法作为排序问题的规约, 通过系列变换步开发了归并排序、堆排序和快速排序这三个函数式程序.

另外, 对于程序变换技术, 文献[38, 44, 66-68]提出了选取和应用程序变换规则的策略, 用以构造递归程序或逻辑程序.

现有的程序变换工作均将程序变换用于函数式或逻辑式程序的开发, 如有必要, 再将其变换到命令式程序.

2.2.3 广义纵向变换

程序求精可广义理解为纵向程序变换的一种, 是对程序变换中语义等价的扩展. 从开发算法程序的角度来看, 程序求精是指从问题的规约开始, 通过逐步引入实现细节及逐步的验证, 推导出满足规约的程序.

Morgan[69]通过总结实践中的经验, 给出了规约、赋值、顺序复合、选择、迭代等语句的精化法则, 精化演算中的每个精化步骤都对应于一条法则; 程序的开发始于一个规约语句, 通过一系列的精化最终得到仅由卫士命令构成的程序, 精化过程中的程序可能是规约和语句的混合体.

美国德州大学奥斯汀分校 Novak[11,70,71]主要基于对泛型算法的重用来实现自动程序设计, 实现了一个称为 GLISP 的编译器, 并创建了一个泛型算法库, 每个泛型算法对抽象数据完成某一任务. 开发程序时, 使用 "视图" (views)来给出抽象数据和实际应用数据间的映射关系, 由 GLISP 编译器根据给定的视图实例化库中存储的某一泛型算法, 产生对实际应用数据操作的 C 或 C++等具体程序.

Abrial 等在 B 方法的基础上进一步提出了 Event B 建模语言以及基于 Event B 的模型精化方法, 从初始规约出发, 通过不断引入新事件对其进行精化, 最后按一定的规则组合这些事件, 从而生成算法程序[72-74].

美国 Kestrel 研究所构建了相应的系列系统, 将设计知识表示成求精形式并分类存放在数据库中, 借助范畴论工具进行逐步的规约求精直至得到可执行代码[11,75,76]. Specware[77]主要涉及规约的构建, Designware[78]关注于设计知识, 而 Planware[79]则是构建特定的调度领域的应用.

在 Specware 系统中使用的语言是 Slang(the Specware language)[80], 它以高阶逻辑和范畴论为基础, 支持形式化规约(包括高阶规约、参数化规约等)的开发及从规约到可执行代码的逐步求精, 目标是 Common Lisp 或 C++可执行程序代码. 为了支持规约的快速构建, Specware 包含一大型的可重用规约库, 如包含整数、序列、栈、集合、数组等规约的基本数据类型规约库, 包含偏序、半群、向量空间等规约的基本数学结构规约库等.

Designware 系统关注于通用算法设计, 包含一个与特定领域无关的通用设计知识分类库[81,82], 并支持在此分类库基础上实施从规约到算法的变换开发, 最后得到可执行程序代码. 其中的算法设计知识分类库包含约束满足问题(整数线性规划、线性规划)、全局结构(全局搜索、二分搜索、回溯、分枝限界等)、局部结构(局部搜索、爬山法等)以及问题归约求解(分治、动态规划等)等算法模式分类. 联合 Specware, Designware 开发程序的步骤是: ①形式化定义需求, 通过功能抽象和数据抽象得到抽象的功能规约; ②在规约库的支持下, 对抽象规约求精来构造具体的功能规约; ③对功能规约进行求精, 得到抽象的设计规约; ④将抽象设计规约进行数据求精, 得到具体的设计规约; ⑤将第④步的结果转换成不同的高级语言程序, 再编译成可执行的机器代码. 数据求精分类库包含一些常用的数据结构并将它们之间的关系以精化的形式来表示, 形成一些分类, 其组织方式和算法设计分类库类似. 很多程序优化技术, 如表达式化简、有限差分(finite differencing)、情况分析(case analysis)、部分求值(partial evaluation)等, 在 Designware 中也被描述成精化规则的形式, 并且可像使用其他的精化规则一样将其应用于求精过程.

Designware 系统依赖于与专家级用户间的交互. 其问题求解的起点是代数规约, 使用起来很不方便, 要求用户具有相当多的数学知识; 在其算法设计分类库中, 存放着与不同的算法设计策略对应的不同的程序模式, 没有通用的设计策略. 当遇到一个待求解的实际问题时, 到底选用哪种合适的算法设计策略来解决问题并没有一个有效的标准或规则, 需要具有较多算法设计知识的用户来交互选取, 这给算法设计自动化带来困难; 甚至于优化, 用户也必须知道程序的哪个部分可以用什么方法来进行优化, 从而选定需要优化的表达式和恰当的优化规则[83].

在应用程序求精技术开发置换算法方面, Morgan[69]从同一个初始规约出发, 开发了插入排序和堆排序. Ward[84]使用最弱前置断言来证明程序求精, 开发了用于证明递归和迭代程序终止性的定理, 使用相关符号、定理及命令式核语言(an imperative kernel language), 通过逐步求精和逐步手工验证得到一个快速排序算法. Smith[82, 85]使用代数方法描述形式化规约, 用 PVS 证明求精结果, 开发了四个排序算法. 在开发过程中, 自顶向下地将规约分解(decompose)成子问题规约, 并自底向上地对子问题的程序进行组合(compose). 这里的分解和组合通过选择一个关联着预定义程序模式的设计策略来完成. 每个设计策略允许选择作用于输入域的分解算子或作用于输出域的组合算子, 然后导出未指定的组合算子或分解算子. 一种方法是选择分解算子而求精组合算子, 得到归并和插入排序; 另一种方法是选择组合算子而求精分解算子, 得到快速和选择排序.

使用求精技术开发程序时, 交替使用验证技术验证不变式或定理成立, 以保证求精步骤的正确性, 从而产生正确的可执行语言程序. 文献[86]中提出将求精模式的研究作为构造性方法的长期研究目标之一.

2.3 基于归纳推理的方法

该方法以反映程序性质的输入/输出实例或程序运行轨迹作为问题的规约, 利用归纳推理将其推广, 生成适用于一类问题的程序.

归纳程序综合研究可分成如下三类[87].

一是分析式的归纳(analytic approach), 代表性工作是 Summers 提出的 LISP 程序归纳[88], 他给出了一个基于简单递归模式的 LISP 程序推理的一般方法和一匹配过程, 用于在多个输入/输出实例中找出递归关系并加以推广. 每一输出 y 表示成由其对应的输入 x 作用在由基本函数(car, cdr, cons 等)组合而成的项上, 然后通过模式匹配找出递归关系并用来构造递归 LISP 程序. Jouannaud[89], Biermann[90]等的工作是对 Summers 工作的进一步扩充, 主要是研究专门算法以发现输入/输出间的递归关系. Schmid 等开发了一种从实例中学习递归函数程序的分析方法, 并构建了支持该方法的 IGOR2 系统[91,92], 其中融合了搜索技术. 该方法的不足是仅使用基本函数构造程序, 难以表述规模较大的程序, 此外指定目标程序的模式也限制了程序的灵活性.

二是逻辑程序归纳综合(Inductive Logic Programming, ILP). 由于逻辑公理的语义与它们所出现的上下文无关, 如果某公理为假, 则它在任何理论中都不真, 故应放弃, 不会再在程序假设中出现. 大多数 ILP 系统都是沿一个方向探索问题空间, 或者从一般到特殊(自顶向下)或者从特殊到一般(自底向上), 著名的用于归纳程序设计的 ILP 系统有 FOIL[93] (自顶向下), GOLEM[94](自底向上), 以及 PROGOL[95](两者结合)系统, 它们均使用 Prolog 语言和谓词逻辑.

三是基于搜索的生成测试式程序归纳(Search-based Generate-and-Test approaches). 基于对程序假设空间的搜索, ADATE(Automatic Design of Algorithms Through Evolution)系统[96,97]使用演化计算来实现自动递归程序设计, 使用标准 ML 的子集——ADATE-ML 书写规约及程序, 通过应用程序变换算子、搜索策略和程序评估函数来对初始程序(规约)进行演化. MagicHaskeller 系统[98,99]使用深度优先搜索, 按长度顺序生成和测试所有可能的目标语言程序, 直到找到一个匹配输入/输出实例的程序, 其目标语言是强类型的, 只有类型相容的程序才会被搜索算法考虑, 并基于标准函数程序设计的操作如 map, reduce 等来简洁地表达递归, 由此使搜索空间几乎不会包含明显的无用程序.

该方法的优点在于用户仅提供一些反映目标程序行为的实例, 非常容易理解和修改, 对用户不要求程序设计知识, 潜在的应用是使得最终用户可以自己创建简单的程序, 辅助专业编程人员, 或者自动发现新的有效算法, 然而有关的技术还不能解决现实规模复杂度的程序. 随着输入/输出对越来越复杂, 对它们进行适当概括的问题也变得越来越复杂, 随着实例数量越来越多, 这就变成了一种低效的规约说明方法.

2.4 基于机器学习和进化的方法

许多研究者提倡将人工智能技术应用到算法程序自动生成的研究中来, 以使系统具备自学习、优化和扩展的能力. 学徒系统(the Programmer's Apprentice)[100]融合了人工智能技术和软件工程技术, 为程序设计任务的所有阶段提供了智能辅助功能, 已实现的两部分是 RA(the Requirements Apprentice)和 KBEmacs(for Knowledge-Based Editor in Emacs), 前者作为软件需求获取和分析的智能助理, 后者主要用于程序的实现阶段. NDSAIL[42,101]是在 NDADAS 系统基础上研制的具有自学习能力的软件自动化系统, 提供了基于解释的算法构架学习和作用机制、基本算法的归纳学习机制, 以及基于解释的算法优化方法学习机制, 使系统能通过示例自动获取较复杂问题的归约方法以及解基本问题的算法. 武汉大学软件工程国家重点实验室将演化计算理论, 特别是其中的遗传程序设计的理论应用于自动程序设计, 提出了复杂系统演化建模理论, 并开发了基于演化计算的自适应复杂函数建模软件[102]. 文献[103]将模拟进化方法应用于自动程序设计, 提出了一个自动程序设计框架, 通过引入程序概括的概念, 将给定任务的程序设计转换为程序寻优问题, 程序概括包含对任务本身的分析与描述, 需要人工完成, 程序概括的结果为使用程序进化器自动构造目标程序的程序寻优提供必需的描述信息. 目前的已有工作所生成的算法复杂度不高.

2.5　模型驱动软件开发方法

模型是对一个系统及其环境的一种抽象. 模型驱动软件开发(Model-Driven Development, MDD)[104]是对实际问题进行建模, 抽象出与实现技术和平台无关、完整描述业务功能的模型 PIM (Platform-Independent Model), 并转换、精化该模型, 通过映射规则及辅助工具将平台无关模型 PIM 转换成与具体实现技术和平台相关的模型 PSM(Platform-Specific Model), 然后, 将 PSM 自动或部分自动地转换成可执行代码. 基于 OMG 制定的各项标准, 将业务和应用逻辑与底层平台技术分离开来.

PIM 和 PSM 一般都使用 UML 来描述和创建. 由于 UML 与模型实现时的具体技术细节无关, 用它描述具体的 PSM 时有相当大的困难. 此外, PIM 到 PSM 的变换是整个 MDD 的核心, 平台不同, PSM 也不同. 要实现各 PSM, 或者在各 PSM 间建立桥接器, 只要生成一种 PSM, 其他的 PSM 可通过桥接器自动生成, 但若有 N 种 PSM, 则需 $N(N-1)$ 种不同的桥接器; 或者将 PIM 到各种不同中间平台的 PSM 变换都标准化. 当软件在不同的平台上移植时, 则需重新进行 PIM 到 PSM 这一变换的过程, 而不能直接由 PSM 变换到 PSM.

Tankogen[105]是一个用 Java 语言实现的 MDD 工具, 使用 XPath 作为模板语言, 允许可视建模, 用于模型变换和源代码生成.

2.6　生成式程序设计方法

生成式程序设计(Generative Programming, GP)[106,107]在对整个软件系统族进行建模的基础上, 从领域特定语言(Domain Specific Language, DSL)描述的软件需求规约出发, 结合配置知识把基本的可重用构件进行自动化的组装配置, 以生成满足用户需求的优化的软件产品, 从而实现软件开发的自动化.

使用 GP 开发软件主要有两个阶段: ①领域工程, 设计和实现生成式领域模型(Generative Domain Model, GDM); ②应用工程, 利用 GDM 生产出具体的软件系统. 前者为支持重用的开发过程, 通常包含领域分析、领域设计和领域实现这三个阶段, 它对领域中的系统进行分析, 识别共同特性和可变特征, 并对刻画这些特征的对象和操作进行选择和抽象, 形成领域模型, 以此为基础识别、开发和组织可复用构件; 后者为利用重用的开发过程, 根据用户需求组装和配置可重用构件来得到具体的软件系统. 目前, 支持领域建模的工具尚显不足.

2.7　本　章　小　结

算法程序自动化的最终目标是构建支持算法程序设计的系统, 尽管近几年来算法程序自动化的研究取得了很大的进步, 但总的来说, 由于问题本身的难度而进展缓慢, 大多数系统仍处于试验阶段, 难以为复杂问题生成求解算法程序.

目前大部分研究基于自顶向下、逐步求精的方法来获得算法, 从功能规约到算法的过渡不自然, 难以开发出复杂的算法程序. 一般而言, 自顶向下逐步求精的方法只适用于逻辑关系相对简单的问题, 如软件的层次结构等, 对那些逻辑关系复杂的子目标(模块或算法)则往往难以奏效. 算法反映了问题的求解策略和方法, 属于创造性劳动, 逻辑关系比较复杂, 复杂算法更是如此. 采用自顶向下逐步求精的方法难以真正触及算法设计的本质, 难以深刻揭示算法设计的规律, 无法获得精巧算法, 从而难以应用于可信软件开发的实践.

另一方面, 现有研究没有采用一种统一的算法设计方法, 而是由机器或使用者根据算法问题来选择, 这导致算法设计自动化程度的下降.

将来的研究还应从以下三方面做出努力.

(1) 探究算法设计的本质规律. 算法设计是软件开发中知识高度密集的创造性劳动, 要实现从规约到算法的自然变换是一项困难的工作. 我们应从研究算法设计的本质规律入手, 将尽可能多的创造性劳动转换成非创造性劳动, 尽量减少需要人参与的工作量, 从而提高这部分的自动化程度, 这将是未来研究的重点.

(2) 构建实用的支持算法程序开发的系统, 它应具有友好的用户使用环境、集成了大量的常用标准数据类型库以及一个解决一类容易理解的问题域的自动变换库[39]. 构建交互式系统是目前最有前景的方向.

(3) 单一方法难以处理算法程序自动化问题, 相互结合是发展趋势, 尽管探索不同方法的研究会继续进行下去, 但是我们应试图合并不同的方法、语言和工具, 比如, 生成式程序设计+演绎+变换的途径.

第3章 PAR 方 法

软件形式化是实现软件自动化的关键. 几十年来, 在这一领域已开展了大量的研究工作, 产生了许多软件形式化方法. 然而, 对于给定的待求解算法问题, 仍没有一种有效的标准或规则来指导算法设计者从中选出适当的方法, 这不仅给手工设计算法, 也给研制自动算法程序设计系统带来极大困难, 因此急需一种统一的开发高效算法程序的方法.

PAR 是一种统一的软件形式化方法, 提出并解决了循环不变式定义及开发策略、算法表示法、算法设计语言、算法设计方法等一系列关键技术, 支持复杂算法程序、数据库应用程序以及高可靠软件构件的开发, 为算法程序自动生成的研究提供了很好的基础.

PAR 由自定义泛型算法设计语言 Radl(Recurrence-based Algorithm Design Language)、泛型抽象程序设计语言 Apla(Abstract Programming Language)、系统的算法和程序设计方法学及新型顺序软件开发平台(Radl 到 Apla 程序生成系统及 Apla 到 Java、C++、C#、Delphi 等系列程序生成系统)组成. 在 PAR 中, 从问题到 Radl 规约、Radl 规约到 Radl 算法的生成由手工完成, 从 Radl 算法到可执行语言程序的生成可机械完成.

3.1 循环不变式新定义和新开发策略

传统的循环不变式定义, 即 "在循环的每次执行前后都为真的谓词", 只给出了循环不变式的必要条件, 没有刻画循环不变式的本质特征.

在分析了大量算法程序的本质特征及其与循环不变式关系的基础上, 文献[13]将循环体中其值随着循环的执行也发生变化的变量称为循环变量, 提出了循环不变式的一个更为确切的新定义:

定义 3.1 (循环不变式) 一个反映循环中所有循环变量的变化规律并在每次循环执行前后均为真的谓词称为该循环的循环不变式.

另外, 一个循环的前后置断言不能把一个算法的所有思想都包括进去, 所以, 循环不变式的生成不能完全依赖削弱或者一般化后置断言. 文献[14]将数列上的递推关系的概念推广到问题求解序列:

定义 3.2 (计算步) 计算步是一条语句或一组语句的一次执行.

一次循环的迭代和一次递归程序的递归调用都可以认为是一个计算步.

定义 3.3 (递推关系)　假定问题 P 的解可由 n 个计算步产生的结果序列 $S_1, S_2, \cdots, S_n$ 得到. 对于由计算步产生的每一 S_i, $1 \leqslant i \leqslant n$, 都是 P 的一个子解, 则 S_n 就是问题 P 的解. 构造等式: $S_i = F(\bar{S}_j)$, 表示 S_i 是其子解 $\bar{S}_j$ 的函数, 其中, $1 < i \leqslant n$, $1 \leqslant j < i$, $\bar{S}_j$ 表示多个子解 S_j 的序列. 等式 $S_i = F(\bar{S}_j)$ 称为问题求解序列的递推关系或简称为递推关系.

根据上述定义及分析, 文献[13]提出了下列适用于已知算法程序的循环不变式开发策略(Loop Invariant Development Strategy, LIS)3.1 和适用于待开发算法程序的策略 3.2:

LIS 3.1 (适用于已知的算法程序)　以循环程序正确性验证为基准, 考察循环初始条件及循环结束所得的信息, 分析程序所解问题的实际背景、数学性质和程序特征, 通过归纳推理找出所有循环变量的变化规律, 即为所求循环不变式.

LIS 3.2 (适用于待开发的算法程序)　以循环程序正确性验证为基准, 分析被求解问题的实际背景(主要由前、后置断言刻画)和相关数学性质, 利用行之有效的算法设计方法确定求解问题的总策略(在很多情况下是确定问题求解序列的递推关系)和所需的全部循环变量, 用谓词精确表达它们的变化规律, 即得所求的循环不变式; 若问题求解序列的递推关系中所含子解的个数超过 1, 则还必须引进一集合变量或一起堆栈作用的序列变量, 递归定义序列中的内容.

使用策略 3.1 和使用策略 3.2 来确定循环不变式是在程序正确理论的指引下进行的, 强调算法设计思想的综合运用, 可以克服盲目性, 简化开发过程, 这是和传统的标准开发策略的主要差别.

3.2 语　　言

算法设计语言 Radl 是用作抽象程序设计语言 Apla 的前端语言, 主要功能是描述算法规约、规约变换规则以及描述算法, 由算法规约语言和算法描述语言两部分组成. 该语言提供了丰富的数据类型系统, 包括标准数据类型(整型 integer、实型 real、布尔型 boolean、字符型 char 和字符串型 string)、自定义简单类型(记录类型、数组类型、枚举类型和子界类型)、预定义 ADT 类型(集合类型 set、序列类型 list、树类型 btree 和图类型 digraph)、自定义 ADT 和泛型 ADT 机制, 并将传统的数学符号和数学表达式引入进来.

Apla 是基于对象的抽象程序设计语言, 使用了 Dijkstra 卫式命令语言中的控制结构, 所描述的程序便于形式化验证, 且易于转换成各种可执行程序设计语言程序. 和 Rad1 相比, Apla 主要增加了程序结构、语句、过程和函数方面的内容. 此外, 它和 Radl 有相同的标准过程和函数以及相同的预定义数据类型和用户自定义 ADT 机制, 并且均嵌入了关系代数, 便于算法程序访问关系数据库.

Radl 和 Apla 语言均可使用数值、数据类型和操作(子程序)作为过程、函数、抽象数据类型(ADT)和算法程序的参数, 使语言更加简便、高效, 描述能力更强, 可帮助用户开发更为抽象和通用的算法, 并通过对泛型程序的实例化来得到具体的问题求解程序, 从而提高了软件的可靠性和可重用性, PAR 中的泛型约束机制提高了泛型程序设计的安全性.

3.2.1 Radl 规约及其变换规则

Radl 语言提供了足够抽象的机制, 可集中刻画算法的功能, 而不为设计和实现所涉及的问题(如效率)所干扰, 它采用如下形式描述规约:

|[标识符说明]|

AQ: 谓词表达式;

AR: 谓词表达式.

其中标识符说明部分主要用于说明前、后置断言中出现的变量和函数的属性及类型. 属性有三种: 一是输入变量, 用关键字 in 标识; 二是输出变量, 用关键字 out 标识; 三是辅助变量, 用关键字 aux 标识.

以 AQ 和 AR 开头的谓词表达式分别称为算法的前置断言和后置断言, 用于表示算法的输入参数必须满足的条件和算法的输出必须满足的条件, 均为一阶谓词公式, 其中经常要使用到许多量词. 量词使用统一的三段式 $(Qi: r(i): f(i))$ 表示, 其中 Q 代表量词符号; i 表示约束变量; $r(i)$ 是一逻辑表达式, 刻画了约束变量的集合, 即约束变量的取值范围; $f(i)$ 是约束变量的函数或表达式, 其类型随着量词符号 Q 的不同而有所不同.

Q 可以是∀(全称量词), ∃(存在量词), MIN(求最小值量词), MAX(求最大值量词), $\sum$ (求和量词), $\prod$(求积量词), N(计数量词)等, 除量词 N 以外, 其他量词是可结合、可交换的二元运算的一般化, 对应的二元运算 q 分别是∧, ∨, min, max, +, *等. 除计数量词 N 外, 其他量词(∀, ∃, $\sum$, $\prod$, MAX 和 MIN)均为那些可结合、可交换的二元运算的一般化形式, 这些量词表达式具有一些共同的性质, 利用它们可以对规约做等价变换, 以揭露问题求解的思想, 因此也将这些性质称作规约变换规则. 对于计数量词表达式, 可先将它转换成 $\sum$ 量词表达式, 然后再使用这些性质进行变换. 在 PAR 中对量词表达式进行等价变换的基本规则有[112]:

(1) N 和$\sum$之间的转换:

$$(Ni: m \leqslant i < n: Ei) \equiv (\textstyle\sum i: m \leqslant i < n \land Ei:1)$$

(2) 交叉积

$$(Qi, J: r(i) \wedge s(i, J): f(i, J)) \equiv (Qi: r(i): (QJ: s(i, J): f(i, J)))$$

其中 J 表示任何约束变量的非空集合, $s(i, J)$ 是有关 i 和 J 的谓词.

(3) 范围分裂:

$$(Qi: r(i): f(i)) \equiv (Qi: r(i) \wedge b(i): f(i)) \, q \, (Qi: r(i) \wedge b(i): f(i))$$

这里的 $b(i)$ 是关于 i 的布尔表达式.

(4) 单点范围

$$(Qi: i = k: f(i)) \equiv f(k)$$

(5) 范围析取: 若 q 是幂等运算, 则

$$(Qi: r(i) \vee s(i): f(i)) \equiv (Qi: r(i): f(i)) \, q \, (Qi: s(i): f(i))$$

(6) 函数结合律

$$(Qi: r(i): f(i) \, q \, g(i)) \equiv (Qi: r(i): f(i)) q \, (Qi: r(i): g(i))$$

(7) 函数交换律:

$$(Qi: r(i): (Qj: s(j): f(i, j))) \equiv (Qj: s(j): (Qi: r(i): f(i, j)))$$

(8) 一般分配律: 若二元运算符 $\odot$ 满足交换律, 且对 q 满足分配律, i 不是 g 的自由变量, 则有

$$(Qi: r(i): g \odot f(i)) \equiv g \odot (Qi: r(i): f(i))$$

(9) 函数分配律: 若函数 g、运算符 q 和 p 满足以下关系:

I) $g(a \, q \, b) = g(a) \, pg(b)$;

II) $g(lq) = l$, 其中 lq 和 l 分别是 q 和 p 的恒等元, 则有 $g((Qi: r(i): f(i))) = (Pi: r(i): g(f(i)))$, 其中 P 量词是 p 的一般化形式.

(10) $\forall$-规则:

$$(\forall i: r(i) \wedge s(i): p(i)) \equiv (\forall i: r(i): s(i) => p(i))$$

(11) $\exists$-规则:

$$(\exists i: r(i) \wedge s(i): p(i)) \equiv (i: r(i): s(i) \wedge p(i))$$

另外, 以下性质常用于量词表达式的化简:

(1) $(\forall i: m \leqslant i < m: E_i) = \text{True}$;

(2) $(\exists i: m \leqslant i < m: E_i) = \text{False}$;

(3) $(\sum i: m \leqslant i < m: S_i) = 0$;

(4) $(\prod i: m \leqslant i < m: S_i) = 1$;

(5) $(\text{MAX } i: m \leqslant i < m: S_i) = -\infty$;

(6) $(\text{MIN } i: m \leqslant i < m: S_i) = +\infty$.

除上述性质外, 如交换律、分配律等数学常用定律、谓词演算中的等价公式等, 也可用作规约变换规则, 应用于规约变换.

3.2.2　Radl 算法表示法

Radl 用问题求解序列的递推关系和一些传统的数学符号与自定义符号表示算法, 克服了自然语言、流程图或者程序设计语言描述算法存在的细节太多、不便于理解和正确性证明等问题, 在适应传统数学习惯的同时又具有引用透明性, 使得算法程序的形式化推导和证明成为可能, 在 Radl-Apla 程序生成系统支持下, 可从 Radl 算法机械生成 Apla 抽象程序. Radl 算法的结构如下:

Algorithm: <算法名称>

|[<变量和函数类型声明>]|

{<算法规约>}

Begin: <递推控制变量和递推函数初始化>

Termination: <递推终止条件>

Recur: <递推关系式组>

End.

其中, <变量和函数类型声明>提供了足够的类型定义、变量和函数类型声明的相关信息, 便于转换出目标语言程序的类型定义和相关类型声明; <算法规约>用以说明该算法的功能; 递推控制变量初始化的形式是 "递推控制变量=递推控制变量初值++/--变化量", 变化量给出了递推控制变量每次递推后需增加或减少的量; 递推函数需要根据其函数的定义及递推控制变量的初始值进行相应的初始化; <递推终止条件>和递推控制变量的终值有关.

3.3　算法程序开发方法

基于递推关系的概念, 使用 PAR 开发算法、循环不变式及程序的全过程可分成 5 步[14]:

(1) 构造待求解问题的 Radl 功能规约.

(2) 把原问题分划成若干和其结构相同但规模更小的子问题, 得到递推关系方程.

(3) 依据分划对功能规约进行形式化变换, 以构造问题求解序列的递推关系, 并生成 Radl 算法.

(4) 基于递推关系, 使用循环不变式新定义及新开发策略, 构造循环不变式.

(5) 基于所得的 Radl 算法和循环不变式, 通过手工变换或者使用 Radl 算法到 Apla 抽象程序的生成系统开发 Apla 抽象程序, 并进一步通过程序生成系统, 按需要将 Apla 程序自动转换成某一可执行语言程序, 如 Java, C++, Delphi 等程序.

这里使用的主要技术是分划和递推, 算法分析理论和实践经验表明分划是处理复杂对象的一种强有力的策略,递推常应用于算法分析和简单程序的设计,可避免对子解的重复计算. 该方法把两种运用于特殊算法开发的方法合并在一起,成为一种普遍适用的方法,通过递推关系,推导出来的算法总是使后一步的结果建立在前一步结果的基础上,避免了许多重复性的工作和计算,这不仅可以开发出可靠、高效的算法程序,而且为开发复杂算法程序的循环不变式提供了一条有效的途径.

3.4　本　章　小　结

只要算法中涉及重复计算,无不存在着分划和递推的思想. PAR 方法已开发验证了很多具有说服力的算法程序,包括图灵奖获得者 Knuth 提出的二到十进制的转换算法[108,109],图灵奖获得者 Hopcroft 和 Tarjan 发发的图平面性测试和生成算法,循环置换乘方的线性算法[110]、数组最小和段算法[111]、二叉树的前、中、后序遍历算法[112]、图的若干极值算法[113]、Kleen 算法[114]、拓扑排序算法、组合算法等,实践证明 PAR 是一种统一有效的算法程序开发方法.

使用 PAR 开发算法程序时,首先构造形式化规约,然后便是如何根据规约设计出正确(即满足规约)且高效的算法程序,其中最具挑战性的工作是问题分划和构造递推关系. 不同的问题分划及规约变换时不同变换规则的选取会构造出不同的递推关系,从而得到不同的算法,直接影响到结果算法的形式及效率. 然而,如何进行面向效率的问题分划和规约变换以构造出递推关系,以及如何根据递推关系生成算法程序等,在 PAR 中还没有给出具体的指导策略,对从问题规约出发设计出 Radl 算法的过程尚未提供自动化支持.

第 4 章将研究 PAR 形式化开发算法的若干关键技术,对其中的本质特征和科学规律进行探索,为算法程序自动化提供理论基础.

第 4 章 产生式编程与 Apla 语言泛型设计介绍

4.1 产生式编程

产生式编程[124]的目的是转变以手动方式进行代码编写、软件开发以及可重用资源组合等方面的单一系统实现过程, 从而使得研发的新型软件产品朝着满足多差异性和更好地支持某个系统族的自动化制作方向进行改进. 因此, 对于待研究的整个领域, 需要我们设计一系列的规范方法, 从而可以使得最大化复用和整合现有的领域构件, 以形成具有领域特定程序编程语言, 并实现从产品需求规范到实现构件间的完整映射, 最后利用产生器来自动化地装配现有领域构件以形成预期软件产品.

基于产生式编程的领域模型包括一个问题空间、一个解空间以及在两者之间进行映射的领域特定配置知识. 其中, 问题空间主要用于表示定制系统的需求, 该部分主要面向应用程序员和客户; 解空间主要包括系统族实现所需的实现组件以及实现组件间的组合、依赖和交互关系; 领域特定配置知识则主要用于分离问题空间与解空间, 这不仅降低了实现组件的冗余性和耦合性, 且提高了实现组件的可组合性以及可复用性.

4.1.1 领域工程

领域工程[125,126]是在构造一个特定领域内的系统或者系统的某些部分时, 以可以复用方面的形式, 收集、组织并保存过去的经验的活动, 以及在构造新系统时, 提供一种充分的方法来复用这些资源, 其是产生式编程的重要支撑方法. 领域工程由以下三个部分构成: 领域分析、领域设计和领域实现.

领域分析是指界定待研究的领域需求范围以及领域的输出与输入构成, 同时收集领域内的通用属性、差异属性以及属性之间的依赖关系以整合为具有一致性的领域模型的过程. 该阶段的成功实施能够保证特征建模过程中被选取特征的有效性和可靠性.

领域设计是指对于已建立的领域模型进行一种系统架构设计, 从而开发出一种针对该领域中系统族层面软件架构的过程. 该架构能够清晰地表示各子系统与组件的功能性属性、非功能性属性以及它们之间的依赖和交互关系, 有利于在全局层面上利用最合适的技术进行领域模型实现.

领域实现是指根据建立的领域模型以及软件架构来开发领域内系统族的软件过程. 该部分能够对系统内部表示进行封装, 实现了领域特定的语言, 以期最大化复用已建立的系统和系统构件, 并能够根据客户需求自动化装配构件以形成定制软件.

4.1.2　特征建模

特征建模[127]是对待建模系统的通用和可变特征以及特征之间的约束和依赖关系进行建模的一个过程, 且将获得的特征组织成一个一致的特征模型. 特征模型主要包含以下四种特征: 强制特征(mandatory)、可变特征(optional)、OR 特征、XOR 特征. 强制特征表示了领域内的所有实例都必须包含的特征, 可变特征表示了领域中实例的一个可选特征, OR 特征表示了领域中实例有且只能选择一组 OR 特征中的一个特征, XOR 特征表示了领域中实例至少包含了一组 XOR 特征中的一个特征. 特征建模清晰地刻画了特征模型构建过程中所需的各类特征, 是识别和捕捉差异性和可变性的关键技术.

其中强制特征被末端为实心圆的边所指向, 可选特征被末端为空心圆的边所指向, OR 特征被一条用弧连接的边所指向, XOR 特征被一条用实心的弧连接的边所指向. 这四种特征是特征建模中的主要属性, 也是特征模型的重要组成部分, 代表了领域中的通用和可变属性, 同时它们之间的约束以及依赖关系则需通过特征内在的层次结构关系、领域业务逻辑设计的约束关系以及运行时依赖关系来表示.

4.2　Apla 语言中的泛型程序设计

4.2.1　泛型程序设计

传统的程序设计思想较好地适应了软件规模的膨胀速度, 在一定程度上提高了编程软件的稳定性、可修改性和复用性, 受到了编程人员的广泛认可和推崇. 但是随着其在软件工程等方面的广泛应用, 也暴露出了越来越多的问题, 如抽象程度不高、通用性较差等.

泛型程序设计则是一种把算法程序从独立的源程序中抽离出来的抽象编程机制, 具有简化程序、提高代码可读性与复用性的优势, 是传统程序设计思想的进一步发展[128,129]. 泛型程序设计的高抽象性使得程序设计中的类型错误更易发现和纠正, 以至于更清晰、更深刻地了解程序语言中出现的一些问题, 成为软件设计中的一种更为通用和高效的抽象范式[130,131], 现今这种思想被广泛应用于多种支持泛型程序机制的程序设计语言中[132]. 泛型程序设计通过把软件开发中所需的相关细节进行隐藏, 同时在数据类型层次上对软件所需满足的属性和条件进行抽象,来简化程序设计过程, 并能够在抽象层次上独立地描述和设计出具有高效率和高抽象性质的算法和数据结构.

4.2.2　Apla 泛型

Apla 语言可以直接使用抽象数据类型[133](Abstract Data Type, ADT)和抽象过程编写程序, 因此能够更抽象地描述算法问题, 并易于对其进行正确性验证, 保证了程序正确性和可靠性, 是 PAR 中重要的语言支撑. PAR 方法和 PAR 平台包含循环不变式的新定义和新的开发策略、统一的算法程序设计方法、新的算法表示方法、自定义算法设计语言和抽象程序设计语言等关键技术. 它集成涵盖了泛型、生成式、模型驱动和构件组装等新型软件开发技术, 其系列程序自动生成系统可将一个正确的 Apla 程序自动转换成 C++, Java 和 Delphi 等高级语言程序. 目前 Apla 语言中的泛型程序设计主要包括以下各个部分: 泛型子程序、泛型程序和泛型 ADT.

Apla 的泛型子程序是指在子程序中除了带有普通参数外, 同时还允许使用带有类型的子程序作为参数, 从而泛型化子程序. 在 Apla 中, 引入了关键字 sometype 来定义类型变量, 从而实现了将类型作为变量在程序中进行使用. 泛型子程序包括泛型过程和泛型函数两种, 其中泛型过程使用关键字 procedure 来定义, 泛型函数使用关键字 function 定义, 同时将泛型过程和泛型函数作为参数时, 分别需要使用 proc 和 func 来声明.

其定义分别为:

procedure 泛型过程名(<形参表>);
　　　(过程说明以及变量定义)

begin
　　　(过程体)

endl;
function 泛型函数名(<形参表>): 返回类型;
　　　(泛型函数说明以及变量定义)

begin
　　　(泛型函数体)

endl;
　　　其中

<形参表>: : =[sometype <类型参数表>]|[proc 泛型过程名<形参表>]|[proc 函数名<形参表>]|[<普通形参表>](下同).

泛型程序是指对于 Apla 程序, 允许其带有类型参数或者子程序参数, 使得程序也能实现泛型化, 使用关键字 program. 因此对于待开发系统中的程序, 如果该

程序在整体上的结构实现上具有一定的相似性, 但在局部中可能涉及不同子程序, 就可以将该部分子程序进行抽取, 使之独立于程序之外, 并将其定义为程序的参数, 从而可以实现程序的泛型化.

其定义为:

program 泛型程序名(<形参表>);

　　　(泛型程序说明、变量以及泛型子程序定义)

begin

　　　(泛型程序体)

endl;

泛型 ADT 主要包括系统预定义 ADT 类型以及用户自定义 ADT 类型, 其中系统预定义 ADT 类型包括树、图、集合以及序列等, 用户自定义 ADT 类型则运行用户根据软件开发需要对一些 ADT 进行自定义.

当需要自定义 ADT 类型时, 其定义与实现规则如下:

define ADT ADT 名(sometype <类型参数表>)

　　　(ADT 内元素声明)

enddef;

implement ADT ADT 名(sometype <类型参数表>)

　　　(ADT 内元素实现)

endimp;

4.3　本章小结

本章介绍了产生式编程的基本思想, 对领域工程中三个重要组成部分进行了阐述, 这三部分分别是领域分析、领域设计和领域实现. 领域工程能够构建待研究系统族的领域问题空间, 并可用于设计一种通用的领域架构和配置知识, 同时对架构中包含的构件进行实现, 从而根据系统族中不同的成员需求定制和装配实现相对应的应用程序, 其是产生式编程的重要支撑方法.

第5章 基于 PAR 的算法形式化开发

本章以结果算法的效率作为决定问题分划和规约变换的标准,研究了用 PAR 推导算法时问题分划、递推关系构造等若干关键技术,寻找高效算法程序开发的特征及规律并尽可能提炼归纳成了切实可行的法则、策略和技术,这包括问题分划法则(Partition Rules, PR)以及构建递推关系的规约变换策略(Specification Transformation Strategy, ST),它们分别作用于基于 PAR 的算法程序开发过程的各个阶段,将算法设计中尽可能多的创造性劳动转变成非创造性劳动,使得从 Radl 规约到 Radl 算法的设计过程由原来的完全手工方式转换到可机械化的方式,以促成从 Radl 规约到 Radl 算法直至 Apla 程序的自动生成.

5.1 自动问题分划

作为 PAR 推导算法时的关键步骤,问题分划是得到问题求解序列递推关系的基础. 同一问题,可以有很多种不同的问题分划方式,我们研究了面向结果算法效率的自动问题分划,使得机器进行问题分划时,总是自动选择导致算法效率高的那种方式.

根据子问题规模间的关系可将问题分划分为平衡分划和非平衡分划两种方式. 让 $P(n)$ 表示问题, n 为问题规模,我们有如下定义:

定义 5.1 (平衡分划) 平衡分划是指将问题 $P(n)$ 分成 k 个规模相等或相差最多不超过 1 的子问题,这里 $1<k\leqslant n/2$. 具体地说,设 $n \bmod k = s$,则平衡分划时将 $P(n)$ 分成 $k-s$ 个规模为 $\lfloor n/k \rfloor$ 的子问题和 s 个规模为 $\lceil n/k \rceil$ 的子问题.

不符合定义 5.1 的分划称为非平衡分划.

我们又按照分划的途径,将实施固定位置的分划称为固定分划,即分划问题时可以事先确定子问题的规模及内容. 对于分划之前没有办法确定子问题规模或内容的问题分划,我们把它称为函数分划,即由一个函数分划出满足某种给定性质的子问题,子问题由函数的执行结果确定,例如快速排序.

对原问题的分划体现了初始的算法设计策略,且为后续进行规约变换以寻找递推关系提供了总体方向. 通过大量算法的推导实践发现,问题分划方式是影响算法效率的首要因素,改变问题分划的方式可大幅度提高问题求解的效率. 置换和查找是典型的例子,从一个公共的问题规约出发,通过使用不同的分划方式,可以开发出很多不同复杂度的求解算法. 为了追求算法的效率, 我们需要更多关于问题分划的启发性规则.

由于求解算法问题时, 已知的内容仅有问题及规约, 这就要求我们从问题特征和问题的形式化规约, 得到导致高效率算法的具体分划方式. 通过对问题分划已开展的大量研究, 我们形成了从形式化问题规约确定分划方式的问题分划法则, 用以指导面向效率的问题分划.

下面, 我们先给出关于子问题及变量值的定义:

定义 5.2 (子问题空间)　分划问题 P 时, 将其自顶向下分解成若干和 P 结构相同但规模更小的子问题, 再按同样的方式把子问题分划成更小的子问题, 直到每一个子问题能直接求解为止. 我们将问题 P 分解过程中产生的子问题集合称为 P 的子问题空间.

定义 5.3 (独立问题)　若问题 $P1$ 和 $P2$ 的子问题空间不包含相同的子问题, 则称 $P1$ 和 $P2$ 互相独立. 反之, 称 $P1$ 和 $P2$ 互相重叠.

定义 5.4(变量值)　变量值是指简单类型变量的值, 或者组合类型变量所含元素的值.

记原问题为 $P(n)$, n 为问题规模. 用 X 表示 $P(n)$ 的输入变量值的集合, Y 表示其输出变量值的集合, X 和 Y 均可从 $P(n)$ 规约中获得. 关于 $P(n)$ 的子问题间是否独立, 我们有以下引理:

引理 5.1　若 $Y \subseteq X$, 则 $P(n)$ 分解出的子问题互相独立.

引理 5.2　若 $Y \nsubseteq X$, 且 Y 中的值是经 X 的算术计算而得到的, 则 $P(n)$ 分解出的子问题间有重叠.

引理 5.3　若 $Y \nsubseteq X$, 且 Y 中的值不是经 X 的算术计算而得到的, 同样有(5.1)的结论.

证明　令 $X = \{x_1, x_2, \cdots, x_n\}$, $Y = \{y_1, y_2, \cdots, y_m\}$, $1 \leqslant m \leqslant n$. 当 $m = 1$ 时, 输出仅为一个值. 为描述方便, 我们考虑将问题分划成两个规模更小但结构相同的子问题: 第一个子问题的输入值集合 $X_1 = \{x_1, x_2, \cdots, x_i\}$, 输出值的集合 $Y_1 = \{y_{11}, y_{12}, \cdots, y_{1s}\}$; 第二个子问题有 $X_2 = \{x_{i+1}, \cdots, x_n\}$, $Y_2 = \{y_{21}, y_{22}, \cdots, y_{2t}\}$, $1 \leqslant s \leqslant i < n, 1 \leqslant t \leqslant n - i$, 这里 X_1 和 X_2 分别表示 X 的前 i 部分和后 $n - i$ 部分.

对于(5.1), $Y \subseteq X$, 则有 $Y_1 \subseteq X_1 \wedge Y_2 \subseteq X_2 \wedge X_1 \cap X_2 = \varnothing$, Y 和 Y_1, Y_2 间的关系为: $Y = Y_1 \vee Y = Y_2 \vee Y = Y_1 \cup Y_2$, 且 $Y_1 \cup Y_2 \subseteq X$. 由 Y, Y_1 和 Y_2 间的关系可以看出两个子问题解 Y_1 和 Y_2 独立地用于构建最终解, 这两个子问题互相独立.

对于(5.2), 设输出是输入的 F 算术计算, 则有 $Y = F(X)$, 且 $Y_1 = F(X_1)$, $Y_2 = F(X_2)$. 由 $Y \nsubseteq X$ 有 $Y_1 \nsubseteq X_1 \wedge Y_2 \nsubseteq X_2$. 由于 Y 是整个输入集 X 上的函数, 而 Y_1, Y_2 则分别是 X 的子集 X_1, X_2 的函数, 故 Y 和 Y_1, Y_2 间的关系是: $Y = G(Y_1, Y_2)$, 此处的

G 是一个新的函数, 即两个子解还需要经过计算才能得到最终解, 而这里的计算过程中所求解的子问题与求解两个子问题的过程中分划出的子问题有重复. (4.2)刻画了最优化问题的特征, 该类问题计算最优值的规约涉及(MIN i: $r(i)$: $f(i)$)或(MAX i: $r(i)$: $f(i)$)等量词, 而 $f(i)$ 部分通常是对输入值进行某种运算, 如求和等.

引理 5.3 实际上刻画了判定性问题和计数问题的特征. 判定性问题判定一个元素或对象是否属于某一特定集合, 仅仅要求回答 "yes" 或 "no", 计数问题计算满足某种条件的方案个数, 这两类问题满足 $Y \nsubseteq X$, 且 Y 中的值也不是 X 的算术函数. 对于这两类问题, 同样有(5.1)的结论, 即其子问题互相独立.

关于问题的分划方式, 我们有以下引理:

引理 5.4 问题分解出的子问题互相独立时, 将问题进行平衡分划所设计出算法的计算复杂度要比非平衡分划时低.

引理 5.5 问题分解出的子问题有重叠时, 将问题进行非平衡分划所设计出算法的计算复杂度要比平衡分划时低.

证明 对于(5.4), 设原问题规模为 n, 分划得到的子问题个数为 k, 首先令 $k = 2$. 设 $T(n)$ 表示算法的时间复杂度, 分划出的两个子问题规模分别为 n/m 和 $n - (n/m)$, 满足 $m > 1$, 又设两个子问题分解和合并的代价为 $f(n)$, 则有

$$T(n) = T(n/m) + T(n - n/m) + f(n).$$

因此, 要使结果算法的效率尽可能高, 就是求出 m 的值使得 $T(n)$ 的值达到最小. 当 $k > 2$ 时有类似情况.

对于(5.5), 如果将问题平衡分划, 则至少得到两个以上规模大于 1 的子问题, 且原问题的解需要在所有子问题解的基础上计算得到. 若子问题间互相有重叠, 则求解问题时存在着对子问题的重复计算. 因此, 当子问题重叠时, 将问题进行非平衡的分划, 可避免重复计算, 从而使得结果算法达到较高的问题求解效率, 计算复杂度低.

例如, 排序问题分解出的子问题是互相独立的, 对于快速排序, 其运行时间就与划分是否对称有关, 最坏情况发生在不对称划分的时候, 算法的时间复杂度 $T(n) = O(n^2)$; 最好情况为平衡划分, 由时间复杂度方程 $T(n) = 2T(n/2) + O(n)$可得到 $T(n) = O(n\log n)$.

根据上述引理, 我们得到如下的问题分划法则, 它作用于问题的形式化规约, 产生子问题解的如下关系方程.

记原问题为 $P(n)$, 它的解记为 $S_{P(n)}$, n 为问题规模. 用 X 表示 $P(n)$ 的输入变量值的集合, Y 表示其输出变量值的集合, 则有:

PR 1 若 $Y \subseteq X$, 或者 $Y \nsubseteq X$ 且 Y 中的值不是经 X 的算术计算而得到的, 则对问题作平衡分划, 即 $S_{P(i)} \equiv F(\overline{S}_{p(j)})$, $1 \leqslant i \leqslant n$, $1 \leqslant j < i$ 或 $i < j \leqslant n$, 其中 $\overline{S}_{p(j)}$ 表

示 k 个规模相等(为 i/k)的子问题的解序列, $1 < k \leqslant i/2$, 而 F 表示尚待确定的某个函数.

PR 2 若 $Y \nsubseteq X$, 且 Y 中的值是经 X 的算术计算而得到的, 则考虑作非平衡分划, 即 $S_{P(i)} \equiv F(\bar{S}_{p(j)})$, $1 \leqslant i \leqslant n$, $1 \leqslant j < i$ 或 $i < j \leqslant n$, 其中 $\bar{S}_{p(j)}$ 表示 k 个规模不等的子问题的解序列, $1 < k \leqslant i$, F 表示尚待确定的某个函数.

例如, 排序问题的输入为一个任意序列, 输出为一个有序序列, 输出序列和输入序列所含元素的值组成的集合相同, 根据 PR 1, 作平衡分划可保证结果算法的较高效率. 此外, 像查找、求最大最小元、求给定序列的逆序对数等问题均属于 PR 1 的情况, 使用平衡分划可开发出较高效算法.

然而, 对于最优化问题类, 如图的单源最短路径、最小支撑树、多段图、0-1 背包问题、背包问题、最大子段和、最小子段和、最大积段、最长连续上升子序列、最长平台等问题, 求最优值时算法的输出为一个最优值, 与输入变量值之间的关系不满足 PR 1, 而满足 PR 2, 则应使用非平衡分划来开发求最优值的算法.

5.2　启发式规约变换

PAR 是通过对规约的等价变换来构造递推关系的. 为了避免对变换规则集进行盲目的搜索和尝试, 一个能指导变换规则选取和应用的策略显得很有必要. 根据对递推关系构造过程和规约变换规则的分析和研究, 我们归纳得到规约变换策略, 给出了规约变换时规则的应用顺序, 使得变换过程有章可循, 另外, 也使得变换过程朝着问题分划所指定的方向进行.

在给出完整的规约变换策略之前, 先来分析一下构造问题求解递推关系的过程.

形式化规约是构造递推关系的起点, 也是形式化规约变换的起点, 其中通常包含着量词, 而我们就可以利用量词的性质对规约作等价变换, 以揭露问题求解的思想. 不难发现, 规约变换规则中除了 "交叉积" 可以变换含两个以上约束变量的量词之外, 其他的规则仅能对含一个约束变量的量词进行变换, 因此对于多约束变量的量词, 总是先采用 "交叉积" 将其逐步变换为单约束变量的量词, 这样, 接下来才能使用其他的规则对规约进行变换.

根据 PAR 方法, 问题的解决是通过分划出子问题并在求解子问题的基础上完成的, 在构造递推关系的时候必须将子问题分划出来并找出它们间的关系. 规约是对问题的形式化描述, 对问题进行分划体现在规约变换上就是对规约进行分划, 因此, 对规约施行 "范围分裂" 可达到对问题分划的目的, 并且范围分裂必须和开发第二步给出的问题分划一致, 随问题分划的不同而有所不同, 故而这里需根据具体的分划情况考虑怎样分裂范围.

分裂范围后的规约需化简, 结果有两种可能: ①产生了单点范围的量词, 则使用 "单点范围" 规则对其简化; ②原问题规约在较小输入集合上的描述, 则对这部分使用问题的定义, 卷叠形成子问题.

因此, 该策略的总体思想是先将多约束变量量词变换为单约束变量量词, 接下来再变换量词的范围或函数部分, 优先对范围部分进行变换, 尽可能减少函数部分操作的量, 从而提高结果算法的效率.

这里 $P(n)$, $S_{P(n)}$ 及分划 $S_{P(i)} = F(\bar{S}_{p(j)})$ 与 5.2.1 小节的含义相同, 分划 $S_{P(i)} = F(\bar{S}_{p(j)})$ 给出了要寻找的函数 F 的组成为 $\bar{S}_{p(j)}$. 为便于描述, 引进变量 CSpec 代表当前正在变换的规约, 以刻画规约随着变换的进行而不断发生变化的状态. 初始时, 有 $S_{P(i)} \equiv$ CSpec:

ST 1 若 CSpec 含有 $(Qi, \bar{x} : r(i) \wedge s(i, \bar{x}) : f(i, \bar{x}))$ 的部分 ($\bar{x}$ 表示若干变量的序列), 即某量词 Q 含有两个以上的约束变量, 则对 Q 量词使用交叉积, 变换到 $(Qi: r(i): (Q \bar{x} : s(i, \bar{x}):f(i, \bar{x})))$, 并引进新的谓词表示其函数部分 $(Q \bar{x} :s(i,\bar{x});f(i,\bar{x}))$.

ST 2 若 CSpec 中含有 $(Qi: r(i):f(i))$ 的部分, 即某量词 Q 仅含有一个约束变量 i, 则根据分划的形式对 $r(i)$ 使用范围分裂, 将 CSpec 尽可能地展开. 这里根据分划的不同, 有三种情况:

ST 2.1 若 $S_{p(i)} = F(\bar{S}_{p(j)})$ 为平衡分划, 即 $\bar{S}_{p(j)}$ 中所含的子问题个数为 k 个 ($k \geqslant 2$, 一般 $k= 2$) 且规模相等, 则将 CSpec 变换到 $(Qi: r_1(i):f(i))$ q $(Qi: r_2(i): f(i))$ $q...q(Qi: r_k(i): f(i))$, 其中, $|r_1(i)| = |r_2(i)| = \cdots = |r_k(i)|$, 这里 $|r_k(i)|$ 表示第 k 个范围段的大小, $r_1(i) \cup r_2(i) \cup \cdots \cup r_k(i) = r(i)$, $r_1(i) \cap r_2(i) \cap ... \cap r_k(i) = \{\}$.

ST 2.2 若 $\bar{S}_{p(j)}$ 中所含的子问题个数为 k 个 ($k \geqslant 2$, 一般 $k=2$), 而子问题的大小需要执行一个分划函数来确定, 则引进 $k-1$ 个范围边界变量, 连同 $r(i)$ 范围中的两个边界值一起确定分裂出来的 k 个子范围的大小, 而引进的 $k-1$ 个范围边界变量的值则从分划函数处获得.

ST 2.3 若 $\bar{S}_{p(j)}$ 中所含的子问题个数为 1, 则在范围边界处进行范围分裂. 例如, 设 $r(i) \equiv 1 \leqslant i \leqslant n$, 则分裂成 $r_1(i) \equiv 1 \leqslant i \leqslant n-1$ 和 $r_2(i) \equiv i = n$, 或 $r_1(i) \equiv i = 1$ 和 $r_2(i) \equiv 2 \leqslant i \leqslant n$ 两个范围.

ST 3 范围为单点时使用单点范围规则.

ST 4 根据上下文对 CSpec 进行谓词演算或使用与量词的函数部分有关的性质进行变换; 此步变换为 ST 5 创造条件.

ST 5 CSpec 形如 $Q(\bar{S}_{p(j)}, \bar{r})$ 时, 对 $\bar{S}_{p(j)}$ 使用 $P(j)$ 的定义, 其中 $\bar{r}$ 表示剩余部分, Q 表示量词或运算; 否则重复 ST 1~ ST 5.

ST 6　对使用定义后的结果做数学简化运算.

ST 7　根据 $\bar{r}$ 做进一步的分析.

ST 7.1　若 $\bar{r}$ 中仍含有量词、谓词或未知的函数计算, 则需引进新的定义 $\text{new}P \equiv \bar{r}$, 得到的一个递推关系为 $S_{p(i)} \equiv Q(\bar{S}_{p(j)}, \text{new}P)$, 并将 $\text{new}P$ 作为子目标, 重复以上步骤构造 $\text{new}P$ 的递推关系;

ST 7.2　若 $\bar{r}$ 中只包含一些简单的不需进一步计算的成分, 如变量或预定义函数等, 则直接将 $\bar{r}$ 作为递推关系的一部分, 得到递推关系 $S_{p(i)} \equiv Q(\bar{S}_{p(j)}, \bar{r})$, 变换过程结束.

上述策略中, ST 1, ST 2, ST 3, ST 4 的变换都是为了 ST 5 使用定义创造条件, 从而得到递推关系. 其中有些步骤要根据具体应用的上下文背景来手工决定是否需要执行以及如何执行, 如 ST 4, ST 6 等, 但各步的相对顺序固定不变. 显然, ST1, ST 2, ST 3, ST 5, ST 7 的判断与执行都是足够机械的.

另外, 在选取变换对象及变换的总体方向上, 有以下四条策略:

C 1　若 CSpec 中仅含一个量词 $(Q\bar{x}: r(\bar{x}): f(\bar{x}))$, 即该量词的范围部分 $r(\bar{x})$ 及函数部分 $f(\bar{x})$ 不含其他量词或谓词, 则直接使用 ST 进行变换.

C 2　CSpec 中量词 $(Q\bar{x}: r(\bar{x}): f(\bar{x}))$ 的范围部分 $r(\bar{x})$ 含有其他量词或谓词, 则优先对范围部分所含的量词或谓词使用 ST 进行变换.

C 3　CSpec 由多个量词的合取或析取组成, 则重点对其中刻画主要性质的量词使用 ST 进行变换, 而其他描述辅助性质的合取或析取部分用作变换时的参考.

C 4　CSpec 中量词 $(Q\bar{x}: r(\bar{x}): f(\bar{x}))$ 的函数部分 $f(\bar{x})$ 含有其他量词或谓词, 则需要定义一个新的谓词来存放函数部分, 并将其当作一个新的问题进行求解.

此外, 循环不变式对于理解、开发和验证程序具有极其重要的作用. 根据 PAR 方法, 在得到循环不变式后, 可以很容易得到相应的 Apla 程序. 但开发循环不变式, 特别是求解递归问题的循环不变式, 一直是很多程序员不愿问津的高要求工作. 我们使用 PAR 提供的循环不变式开发策略来开发循环不变式. 递推关系刻画了程序中主要的算法思想, 可看成是低效的程序. 构造递推关系时采用严格的量词等价变换, 保证了递推关系的正确性, 也保证了基于递推关系机械生成的 Radl 算法的正确性和循环不变式刻画算法程序思想的充分性. 生成的循环不变式满足其新定义, 反映了程序中每个循环变量的变化规律, 刻画了循环程序的本质特征, 足以用于程序的生成和验证.

5.3　一个实例

这里, 使用一个代表性的最长连续上升子序列问题(Longest Continuous Increasing Subsequence, LCIS)的算法开发, 展示了本章基于 PAR 的算法形式化开发研究的应用效果, 并将阐述的重点放在开发问题求解算法及其循环不变式的过程上, 对可执行程序的生成过程仅做简要叙述.

LCIS 问题可描述为: 给定一整型数组 $a[0:n-1]$, 求其最长连续不降子序列的长度.

1. 构造形式化规约

让 len 表示数组 $a[0:n-1]$ 的最长连续不降子序列的长度, 用 Radl 语言描述算法的功能规约如下:

```
|[in n:integer,a[0:n-1]:array of integer;out len:integ
er]|
AQ 4.1: n>0
AR 4.1: len=(MAX i,j :0≤i≤j≤n-1∧s(i,j):j-i+1),
        s(i,j)=(∀k:i≤k<j:a[k]≤a[k+1]);
```

2. 分划问题

根据分划法则 PR 2, 输入变量为数组 a, 输出变量为经算术运算得到的 len, 且 len 的值不取自于 a, 则将原问题进行非平衡分划.

将数组 $a[0:n-1]$ 的 LCIS 长度记为 $ls(a, 0, n-1)$, 则可分划为: $ls(a, 0, n-1) \equiv F(ls(a, 0, n-2), a[n-1])$. 一般地, 有 $ls(a,0,m) \equiv F(ls(a,0,m-1), a[m])$, $0 \leq m < n$, 这表示 $ls(a,0,m)$ 可以通过 $ls(a,0,m-1)$ 和 $a[m]$ 运算得到, 接下来的关键是构造关系 F.

3. 构造递推关系并生成 Radl 算法

假设 $ls(a,0,m-1)$ 已经求解. 根据问题的规约及对问题的分划, 在规约变换策略的指导下, 作如下等价变换以构造 F(花括号中给出了相应的解释):

$ls(a,0,m) \equiv (MAX\ i,j : 0 \leq i \leq j \leq m \wedge s(i,j) : j-i+1)$
$\equiv \{ST\ 1,\ 对\ MAX\ 使用交叉积\}$

$(MAX\ j : 0 \leq j \leq m : (MAX\ i : 0 \leq i \leq j \wedge s(i,j) : j-i+1))$
$\equiv \{ST\ 2.3,\ MAX\ 量词范围分裂\}$

$\max((MAX\ j : 0 \leq j < m : (MAX\ i : 0 \leq i \leq j \wedge s(i,j) : j-i+1)), (MAX\ j : j = m : (MAX\ i : 0 \leq i \leq j \wedge s(i,j) : j-i+1)))$
$\equiv \{ST\ 3, j = m\ 单点范围\}$

$\max((MAX\ j : 0 \leq j < m : (MAX\ i : 0 \leq i \leq j \wedge s(i,j) : j-i+1)), (MAX\ i : 0 \leq i \leq m \wedge s(i,m) : m-i+1))$
$\equiv \{ST\ 5\ 直接使用\ ls\ 的定义, 跳过\ ST\ 4\}$

max(ls(a,0,$m-1$), (MAX $i : 0 \leqslant i \leqslant m \wedge s(i,m) : m-i+1$))

无须做任何数学化简运算, 跳过 ST 6, 我们得到第一个递推关系:

Recurrence 1　ls(a,0,m) $\equiv$ max(ls(a,0,$m-1$), (MAX $i : 0 \leqslant i \leqslant m \wedge s(i, m) : m-i+1$))

根据 ST 7.1, Recurrence1 中的剩余部分含有量词 MAX, 故需引进新的定义, 令 length(m) $\equiv$ (MAX $i : 0 \leqslant i \leqslant m \wedge s(i,m) : m-i+1$), 则上述递推关系变为

Recurrence 1　ls(a,0,m) $\equiv$ max(ls(a,0,$m-1$), length(m)), $0 \leqslant m < n$

接下来将 length 作为新的问题重复求解. 根据分划法则将其非平衡分划并根据规约变换策略对其变换如下:

length(m) $\equiv$ (MAX $i : 0 \leqslant i \leqslant m \wedge s(i,m) : m-i+1$)

$\equiv${根据定义展开}

(MAX $i : 0 \leqslant i \leqslant m \wedge (\forall k : i \leqslant k < m : a[k] \leqslant a[k+1]) : m-i+1$)

$\equiv${ST 2.3, $\forall$量词范围分裂}

(MAX $i : 0 \leqslant i \leqslant m \wedge (\forall k : i \leqslant k < m-1 : a[k] \leqslant a[k+1]) \wedge (\forall k : k=m-1 : a[k] \leqslant a[k+1]) : m-i+1$)

$\equiv${ST 3, 单点范围}

(MAX $i : 0 \leqslant i \leqslant m \wedge (\forall k : i \leqslant k < m-1 : a[k] \leqslant a[k+1]) \wedge a[m-1] \leqslant a[m] : m-i+1$)

$\equiv${ST 4、ST 5 应用都不成功, 再根据 ST 2.3, MAX 量词范围分裂}

max((MAX $i : 0 \leqslant i \leqslant m-1 \wedge (\forall k : i \leqslant k < m-1 : a[k] \leqslant a[k+1]) \wedge a[m-1] \leqslant a[m] : m-i+1$), (MAX $i : i=m \wedge (\forall k : i \leqslant k < m-1 : a[k] \leqslant a[k+1]) \wedge a[m-1] \leqslant a[m] : m-i+1$))

$\equiv${ST 3, 单点范围}

max((MAX $i : 0 \leqslant i \leqslant m-1 \wedge (\forall k : i \leqslant k < m-1 : a[k] \leqslant a[k+1]) \wedge a[m-1] \leqslant a[m] : m-i+1$), (MAX $i : i=m \wedge a[m-1] \leqslant a[m] : m-i+1$))

$\equiv${ST 4, 函数部分的一般分配律}

max(1 + (MAX $i : 0 \leqslant i \leqslant m-1 \wedge (\forall k : i \leqslant k < m-1 : a[k] \leqslant a[k+1]) \wedge a[m-1] \leqslant a[m] : m-i$), (MAX $i : i=m \wedge a[m-1] \leqslant a[m] : m-i+1$))

$\equiv${ST 5, 使用 length 的定义}

$$\begin{cases} \max(1+\text{length}(m-1),1), & a[m-1] \leqslant a[m] \\ \max(1,-\infty), & \text{否则} \end{cases}$$

$\equiv${ST 6, 进一步化简}

$$\begin{cases} 1+\text{length}(m-1), & a[m-1] \leqslant a[m] \\ 1, & \text{否则} \end{cases}$$

因此, 我们得到第二个递推关系:

Recurrence 2

$$\text{length}(m) = \begin{cases} 1 + \text{length}(m-1), & a[m-1] \leqslant a[m] \\ 1, & \text{否则} \end{cases}$$

根据 ST 7.2, 变换过程结束, 所有的递推关系都找出来了.

由算法规约的标识符说明部分, 得到相关变量和函数的类型声明; 从分划方程 $0 \leqslant m < n$, 从递推关系知 m 的值每次递增 1, 故得到 $m = 0 + + 1$, 递增到等于 n 时结束; 根据 $\text{ls}(a,0,m-1)$ 和 $\text{length}(m-1)$ 的定义, 当 $m = 0$ 时, 有 $\text{length}(m-1) = 1$, $\text{ls}(a,0,m-1) = 0$. 我们得到如下 Radl 算法:

```
Algorithm:LongestSequence;
|[a:array[0:n-1,integer];m,ls(a,0,m-1),length(m-1):
integer]|
{AQ4.1,AR4.1}
Begin:m=0++1;ls(a,0,m-1)=0;length(m-1)=1;
Termination:m=n;
Recur:ls(a,0,m) ≡ max(ls(a,0,m-1),length(m));
       length(m) ≡ if (a[m-1] ≤a[m]) then length(m-1) +1
else 1;
End
```

基于这个算法, 让 m 的初值为 0, 我们可以逐步计算出 $\text{ls}(a,0,m)$, 当 $m = n - 1$ 时, 就可以得到 $\text{ls}(a,0,n-1)$ 的值. 显然该算法的计算复杂性为 $O(n)$.

4. 生成循环不变式

由循环不变式开发策略, 定义适当的变量存放递推关系中函数的值即可得到循环不变式. 引进两个变量 len 和 lm, 分别存放 $\text{ls}(a,0,m-1)$ 和 $\text{length}(m-1)$ 的值, 并给出 m 的变化范围, 则可机械得到如下的循环不变式 ρ:

$$\rho: \text{len} = \text{ls}(a,0,m-1) \wedge \text{lm} = \text{length}(m-1) \wedge 0 \leqslant m \leqslant n$$

将 $\text{ls}(a,0,m-1)$ 和 $\text{length}(m-1)$ 的定义代入, 展开 ρ 得到:

$$\text{len} = (\text{MAX } i,j : 0 \leqslant i \leqslant j \leqslant m-1 \wedge s(i,j) : j-i+1) \wedge \text{lm} = (\text{MAX } i : 0 \leqslant i \leqslant m-1 \wedge$$
$$s(i,m-1) : m-1-i+1) \wedge 0 \leqslant m \leqslant n$$

它反映了程序的算法思想, 可用于理解程序: len 始终都保存着当前的最长上升子序列的长度.

5. 代码生成

由 Radl 算法和循环不变式, 在 Radl-Apla 转换工具的支持下可机械生成如下

的 Apla 抽象程序:

```
program longestSequence;
var m,len,lm:integer;a:array[0:n-1,integer];
begin
    len,lm,m:=1,1,1;
    do m ≠ n→if (a[m-1] ≤ a[m]) →lm:=lm+1;
            ⌐(a[m-1] ≤ a[m]) →lm:=1;
            fi;
       len:=max(len,lm);
       m:=m+1;
    od;
end.
```

给上述程序加上输入输出语句, 使用我们开发的程序生成工具将它自动转换到 Java 程序并运行, 其结果和预期相符, 具体代码略.

显然, 开发出来的程序是高效的, 其计算复杂度为 $O(n)$. 这里, 我们基于 PAR, 使用所提出的相关法则和策略, 从一个抽象的问题规约出发, 通过严格的形式化推导自然地揭露出问题求解的思想, 在此基础上生成高效的求解问题的算法并获取循环不变式, 进一步在程序生成系统的支持下, 自动生成可执行程序. 严谨的推导过程有效地保证了结果算法的正确性, 相关法则和策略的应用使整个开发过程得到最大程度的机械化.

5.4　本 章 小 结

本章分析和研究了基于 PAR 的算法形式化开发过程, 对使用 PAR 开发高效算法时可遵循的规律进行了刻画, 将算法设计中尽可能多的创造性劳动转变成非创造性劳动, 可引导算法设计者遵循一条有效的途径去寻找高效算法, 从而有效降低了形式化求解算法问题的难度, 提高了算法程序的可靠性和形式化开发效率, 为算法形式化辅助系统提供了理论基础.

我们可以看出, 从给定问题 P 的形式化规约出发, 经 PR 法则自动分划问题, 使用 ST 策略启发式的构造递推关系并生成 Radl 算法, 进而由 LIS 策略开发算法程序的循环不变式, 逐步机械化地开发出求解 P 的 Apla 抽象程序, 在相关工具的支持下进一步自动生成可执行语言程序, 从而进行算法问题求解.

第 6 章将以此为基础, 综合运用抽象技术和泛型程序设计技术, 开发置换和查找类算法生成的形式化模型.

第6章　置换和查找类算法生成模型

本章刻画了置换问题的代数性质, 通过分析置换类算法和查找类算法的共性和可变性, 来确定这两个领域的实现构件以及它们之间的依赖性, 建立了算法程序的生成模型, 并使用 PAR 及前述得到的相关法则和策略给出了构件的实现.

6.1　置换问题的代数性质

下面, 首先参考文献[120]分别给出置换、复合的定义及关于置换群的定理.

定义 6.1 (置换)　设 S 是一个非空序列, 从序列 S 到 S 的一个双射称为 S 的一个置换.

对于一个具有 n 个元素的序列 S, 将 S 上所有 $n!$ 个不同置换所组成的集合记作 S_n.

定义 6.2 (复合)　设 π_1, $\pi_2 \in S_n$, S_n 上的二元运算 $\circ$ 使得 $\pi_1 \circ \pi_2$ 表示对 S 的元素先应用置换 π_2, 再应用置换 π_1 所得到的置换, 二元运算 $\circ$ 称为复合.

定理 6.1　$<S_n, \circ>$ 是一个群, $\circ$ 是 S_n 上的复合运算.

排序问题是一个特殊的置换问题, 它将一个初始无序的序列置换为有序序列. 为确定起见, 我们在下面只对非降序排序问题进行讨论.

定义 6.3 (序抽取)　设 $S = \{a_1, a_2, a_3, \cdots, a_n\}$, T 为 S 的排序结果, $O(a_i)$ 表示 a_i 元素在 T 中的位置序号, $1 \leqslant i \leqslant n$, 定义运算 ∇, 有 $\nabla(S) = \{O(a_1), O(a_2), O(a_3), \cdots, O(a_n)\}$, ∇ 称为序抽取运算.

对于一个具有 n 个元素的序列 $\nabla(S)$, 将 $\nabla(S)$ 上所有 $n!$ 个不同置换所组成的集合记作 $\nabla(S)_n$.

定义 6.4 (序复合)　在 $\nabla(S)_n$ 上定义二元运算 $\square$, 对任意 $a = \{x_1, x_2, \cdots, x_n\}$, $\beta = \{y_1, y_2, \cdots, y_n\} \in \nabla(S)_n$, $\alpha \square \beta = \{\alpha[\beta[1]], \alpha[\beta[2]], \cdots, \alpha[\beta[n]]\}$, $\square$ 称为序复合运算.

例如, 设 $S = \{30, 5, 10, 26, 9\}$, 则有 $\nabla(S) = \{5, 1, 3, 4, 2\}$, 又设 $\alpha = \{3, 2, 4, 1, 5\}$, $\beta = \{2, 5, 1, 4, 3\} \in \nabla(S)_n$, 则 $\alpha \square \beta = \{2, 5, 3, 1, 4\}$.

定理 6.2　$<\nabla(S)_n, \square>$ 是一个群, $\square$ 是 $\nabla(S)_n$ 上的序复合运算.

证明　(1) 由定理 6.1, 二元运算 $\square$ 在 $\nabla(S)_n$ 上是封闭的.

(2) $\forall \alpha, \beta, \gamma \in \nabla(S)_n$, $\forall t \in \nabla(S)$, 设 $\gamma(t) = x$, $\beta(x) = y$, $\alpha(y) = z$, 由于

$$\alpha \square \beta[x] = \alpha[\beta[x]] = \alpha[y] = z$$

所以有

$$(\alpha \square \beta)\square \gamma(t) = (\alpha \square \beta)[\gamma(t)] = (\alpha \square \beta)[x] = z$$

同样地，由于

$$\beta \square \gamma[t] = \beta[\gamma[t]] = \beta[x] = y$$

所以

$$\alpha \square (\beta \square \gamma)(t) = \alpha[\beta \square \gamma[t]] = \alpha[y] = z$$

因此，

$$(\alpha \square \beta)\square \gamma = \alpha \square (\beta \square \gamma)$$

(3) 设 $\pi_e = \{1, 2, 3, \cdots, n\} \in \nabla(S)_n$，$\forall \alpha \in \nabla(S)_n$，有

$$\alpha \square \pi_e = \{\alpha[\pi_e[1]], \alpha[\pi_e[2]], \cdots, \alpha[\pi_e[n]]\} = \{\alpha[1], \alpha[2], \cdots, \alpha[n]\}$$
$$\pi_e \square \alpha = \{\pi_e[\alpha[1]], \pi_e[\alpha[2]], \cdots, \pi_e[\alpha[n]]\} = \{\alpha[1], \alpha[2], \cdots, \alpha[n]\}$$

因此，$\alpha \square \pi_e = \pi_e \square \alpha$，$\nabla(S)_n$ 中存在幺元 π_e.

(4) $\forall \alpha \in \nabla(S)_n$，必定存在着对应的 $\alpha^{-1} \in \nabla(S)_n$，使得 $\alpha \square \alpha^{-1} = \alpha^{-1} \square \alpha = \pi_e$.
证毕.

定理 6.3　给定初始无序的序列 S，对其按非降序排列的过程就是求 $\nabla(S)$ 逆元的过程.

设将序列 S 中所有元素按非降序排列的结果为 T 序列，由定理 6.2，有 $\nabla(T) = \pi_e \ (\in \nabla(S)_n)$，基于此，有定理 6.3 成立.

因此，虽然求解排序问题有很多不同的算法程序，但这些算法程序间必然存在着共性，使得我们可以对排序问题进行数据抽象和功能抽象，分析算法类的共性和可变性并建立其领域模型.

6.2　领域分析

为确定起见，本书只对非降序排序问题进行讨论，它可描述为: 将给定序列 $a[0:n-1]$ 中所有元素按非降序排列. 我们从待排序元素间大小关系的角度，刻画了有序的属性，为该问题构造了一个如下的形式化算法规约:

Specification 6.1: sorting
```
|[in   n:integer;out   a[0:n-1]:list   of   integer;aux
b[0:n-1]:list of integer]|
   AQ6.1:n≥0∧a=b;
   AR6.1:sort(a,0,n-1)≡                              ≡
```

```
ord(a[0:n-1])∧perm(a[0:n-1],b[0:n-1]),
    ord(a[0:n-1]) ≡ (∀k:0≤k<n-1 :a[k]≤a[k+1]),
    perm(a[0:n-1],b[0:n-1])≡
(∀i:0≤i<n:(Nj:0≤j<n:a[j]=a[i])=(Nk:0≤k<n:b[k]=a[i]));
```

这里 b 是一个辅助变量, 刻画了待排序序列的初始状态, a 刻画了终止状态, 即结果序列. 实际上, b 和 a 可看成是对不同状态下同一个序列的描述, 后置断言中 sort($a,0,n-1$) 的定义可理解为: 对序列 $a[0:n-1]$ 排序, 且排序结果仍存于 a; ord($a[0:n-1]$)表示结果序列 $a[0:n-1]$ 有序; perm($a[0:n-1]$, $b[0:n-1]$) 使用了计数量词 N 来表示两个大小相等的序列 a 和 b 互为置换, 即对于任意的 i, $0≤i<n$, 序列 a 中值等于 $a[i]$ 的元素个数和序列 b 中值等于 $a[i]$ 的元素个数相同.

对于查找问题, 我们将其分成无序序列中的关键字查找和有序序列中的查找两类. 无序查找问题可描述为: 对于给定的无序序列 $a[0:n-1]$ 及关键字 key, 判断 key 有没有在 a 中出现. 这里, 将查找问题描述成一个判断问题, 实际上, 如果需要的话, 可以在判断的过程中获取 key 出现的具体位置. 将判断结果存放在 p 中, 可为该问题构造一个如下的形式化算法规约:

Specification 6.2: UnorderSearch

```
|[in n:integer,key:integer,a[0:n-1]:list of integer;out
p:boolean]|
    AQ6.2:n≥0;
    AR6.2:p=(∃k:0≤k≤n-1:a[k]=key);
```

有序查找则是先使用某种排序算法对待查找序列 a 进行排序, 然后再进行关键字查找, 其规约可如下描述:

Specification 6.3: OrderSearch

```
|[in n:integer,key:integer,a[0:n-1]:list of integer;out
p:boolean]|
    AQ6.3:n≥0∧(∀i:0≤i<n-1:a[i] ≤a[i+1]);
    AR6.3:p=(∃k:0≤k≤n-1:a[k]=key);
```

该规约除了前置断言, 其他部分都和 Specification 6.2 相同.

基于定理 6.3, 对给定的初始序列 S 排序也即求 $\nabla(S)$ 逆元的过程, 可表示为

$$S \xrightarrow{\pi_1'} S_1 \xrightarrow{\pi_2'} S_2 \xrightarrow{\pi_3'} \cdots \xrightarrow{\pi_m'} S_m$$

$$\nabla(S) \xrightarrow{\pi_1} \nabla(S_1) \xrightarrow{\pi_2} \nabla(S_2) \xrightarrow{\pi_3} \cdots \xrightarrow{\pi_m} \nabla(S_m) = \pi_e$$

其中 $\pi_i' \in S_n$, $\pi_i \in \nabla(S)_n$, $i = 1, 2, \cdots, m$. 因此, 求 $\nabla(S)$ 逆元的过程实际上是通过对 S 的逐步置换最后达到其序抽取结果为幺元的状态的过程, 其中应用不同的策略和技巧就可获得不同的中间过程.

把一个序列分成若干子序列, 构成一个分段序列, 这是有关序列运算中的一个重要技巧, 它可以把序列的运算化为若干子序列的运算, 使运算更为简明. 在上述求 $\nabla(S)$ 逆元的过程中, 可先将 S 分划成若干子序列, 然后通过对子序列的逐步置换来使得 S 达到最终状态, 而分划的方式则具有多样性, 或者按设定的子序列个数和大小将 S 直接分段, 或者将 S 预处理后再分划. 对应到求解排序问题的过程, 就是先将原问题分划成更小的子问题, 然后通过求解子问题来求解原问题, 而问题的分划则通常是将原问题固定分划或将函数分划成两个子问题来完成, 固定分划可以事先确定子问题的规模及内容, 函数分划之前没有办法确定子问题的规模或内容, 而是由某个分划函数的执行结果确定. 为便于讨论, 我们将固定分划求解排序问题的方式称为 DBP 方式(determined bi-partition), 即在某一个固定的位置将输入的待排序序列分裂成两个子序列, 然后分别对这两个子序列排序, 从而将排序问题固定分划成两个可预先确定的子问题, 通过求解子问题, 并合并它们的解来求解原问题; 将函数分划求解排序问题的方式称为 UBP 方式(uncertain bi-partition), 即引入一个函数来分划出两个子问题, 从而达到求解原问题的目的.

H-增量排序采用了较特殊的固定分划方式, 它将待排序序列按某个递减变量 h 分裂成若干个小组, 距离为 h 的元素在同一个小组中, 然后对同组元素进行排序, 当 h 递减到 1 时, 整个序列构成一个小组, 对其排序即得到原问题的解.

所用问题分划不同, 求解子问题所得到的有序子序列和原问题解的关系也不同. DBP 方式求解得到的子问题的解各自有序, 而互相之间无序, 尚需将子解归并成原问题解; UBP 方式下由子解得到原问题解的方法则取决于分划函数的性质; H-增量排序中子解已直接构成原问题的解. 在这个算法问题求解的过程中, 包含着对序列的分划操作、有序子序列的合并操作等, 对其数据抽象可形成一个用于排序的序列类型. 此外, UBP 方式下的堆排序是在序列结构的基础上组建一个堆进行问题求解.

对于查找问题, 采用固定分划的方式分划出子问题, 通过子问题的解或运算来得到原问题解. 从 Specification 6.2 和 Specification 6.3 可以看出, 在得到无序查找算法之后, 可将序列有序性考虑进来, 通过简单变换, 得到做同样问题分划的有序查找算法. 散列查找属于无序序列的查找算法, 它基于序列构建一个散列表实施关键字查找.

6.3　领　域　设　计

接下来, 我们为领域分析中确定的概念和功能引入构件. 广义上可将构件定义为可复用的、较为独立的软件单元, 它可以有不同的大小和分类, 即构件具有不同的粒度. 根据上述对排序和查找算法特定领域的分析, 我们将领域构件分为类型构件和算法构件, 例如, 对于排序算法领域, 前者抽象出排序领域算法对序列的基本操作, 如将序列分割为子序列、有序性判断、有序子序列的合并、序列输入、输出等, 并将数据及其上的这些操作封装成抽象数据类型, 后者则是对序列排序的功能抽象, 其中会使用到类型构件提供的操作. 为了提高构件的可复用程度, 我们将构件的可变部分参数化, 即设计泛型化的类型构件和算法构件.

根据上述三种求解排序问题的方式, 我们设计了三个泛型算法构件 DBPSort, UBPSort 和 HSort, 并将它们使用的数据和基本操作封装成两个类型构件 SortingList 和 Heap. 泛型算法构件 DBPSort 使用 DBP 方式来求解排序问题, 而 UBPSort 构件则使用 UBP 方式. HSort 使用某个增量序列划分原序列并对同组内的元素进行排序, 最终达到求解原问题的目的. 类型构件 SortingList 提供分裂、合并、划分、h-增量插入等排序算法用到的基本操作并负责存储元素, Heap 构件根据堆的性质实现了有关操作, 它们均可在 PAR 平台预定义类型构件的基础上实现.

6.4　排序算法类构件实现

一个层的构件需要从低于它的直接或者间接层构件中获取信息, 根据图 5.1, 我们先构建底层构件, 并从排序算法域开始.

list 为 Radl 和 Apla 中的预定义抽象数据类型. 设 S 表示一个序列, 则有: $S[h]$, $S[t]$ 分别表示序列 S 的头元素和尾元素, 整型变量 h 和 t 为指针; $S[i]$ 表示序列 S 中的第 i 个元素; $\#S$ 表示计算序列 S 的元素个数; $S := []$, 表示将序列 S 置为空; $S \uparrow T$ 为并置运算, 将序列 T 连接到序列 S 的后面, 合成一新序列; $S := [e] \uparrow S$, $S := S \uparrow [e]$, $S := S[h..i-1] \uparrow [e] \uparrow S[i..t]$, 分别将表达式 e 的值作为一元素插在序列 S 的最前面、最后面及 $S[i-1]$ 的后面; $S := S[h+1..t]$, $S := S[h..i-1] \uparrow S[i+1..t]$, 分别表示删除序列 S 的头元素及第 i 个元素 $S[i]$.

btree 为预定义二叉树类型. 设 t 为一个二叉树, 则相关运算有: $t :=\%$, 表示将 t 置为空树; $t.d$ 表示产生二叉树 t 的根结点值; $t.l$ 和 $t.r$ 分别表示产生二叉树 t 的左子树和右子树.

这两种类型已在 PAR 平台中实现[121,122]. 对于其他构件, 我们基于 PAR 平台及前述得到的相关法则和策略来实现它们, 从而提高构件的可靠性.

6.4.1　类型构件 SortingList

考虑到可读性,下面先用自然语言描述 SortingList 的规约,然后再使用 Apla 中的自定义 ADT 机制,基于预定义抽象数据类型 list 定义 SortingList 类型,并结合 Hoare 公理化方法给出它的形式化规约.

Hoare 公理化方法用前置断言和后置断言来定义 ADT 的每个操作,这些定义构成一组公理,可用来验证使用该类型的程序的正确性,保证用户正确使用该 ADT 及其操作,也为 ADT 的具体实现提供了依据. 为了解决使用前置断言和后置断言时遇到的新类型尚未定义的困难,Hoare 公理化方法首先给出所定义类型的抽象表示,然后用前、后置断言来刻画类型操作对于这种抽象表示的性质和行为.

SortingList 抽象表示为序列类型 list,允许使用类型变量 elem 来参数化元素类型,其长度 size 若缺省,则表示 SortingList 为无界序列.

```
specify ADT SortingList (sometype elem,[size]);
//size 为可选项,表示表容量,如果缺省,则表示表元素的个数没有限制
var L:SortingList;l,s,r,p,h,i,j,seed:integer;
create() //创建一个排序表
ordmerge(L,l,s,r) // L[l:s]和 L[s+1:r]分别有序,将它们合并成
有序段 L[l:r]
bininsert(L,l,s,r) //s=l 且 L[s+1:r]有序,将 L[l]二分插入到
L[s+1:r]使结果有序;或者,s=r-1 且 L[l:s]有序,将 L[r]二分插入到
L[l:s]使结果有序
elempar(L,l,p,r) //将 L[l:r]划分成两段,使得 L[l:p-1]
≤L[p] ≤L[p+1:r]
select(L,l,p,r) //将 L[l:r]划分成两段,使得 L[p:p]≤L[p+1:r]
且 p=l
bubble(L,l,p,r) //将 L[l:r]划分成两段,使得 L[l:p-1]
≤L[p:p]且 p=r
heappar(L,l,p,r) //由 L 构造最大堆且 L[l:p-1] ≤L[p],p=r
middlesplit(L) //计算 L 的中点位置
rightsplit(L) //返回 L 的右边界减 1 的值
leftsplit(L) //返回 L 的左边界
thirdsplit(L) //返回 L 的 1/3 位置
geth2(seed,L) //以 seed 整除 2 的方式计算增量 h
geth22(seed,L) //以 seed 整除 2.2 的方式计算增量 h
knuthgeth(seed,L) //用 D.E.Knuth 的增量序列取法计算增量 h
```

hinsert(L,h)　//对 L 中距离为 h 的元素插入排序
hselect(L,h)　//对 L 中距离为 h 的元素选择排序
shellsublist(L,h)　//返回 h 间距的 shell 划分子序列
swap(L,i,j)　//将 L[i]和 L[j]交换
isorder(L)　//若 L 有序,则返回 true,否则返回 false
output(L)　//输出 L
endspec.

下面给出它的形式化定义和实现:

define ADT SortingList(**sometype** elem,[size]);

  type SortingList=private;

  function create():SortingList;

  R:create=list(elem);

  function ordmerge(L:SortingList;l,s,r:integer):
  SortingList;

  Q:L ≠[]∧l ≤ s ≤ r∧(∀k:l ≤ k< s:L[k] ≤ L[k+1])∧(∀k:s+1 ≤ k< r:L[k] ≤ L[k+1])

    R:(∀k:l ≤ k<r:ordmerge[k] ≤ ordmerge[k+1])∧perm(ordmerge, L[l:r])

    function bininsert(L:SortingList;l,s,r:integer):SortingList;

    Q:L ≠[]∧(s=l∧(∀k:s+1 ≤ k<r:L[k] ≤ L[k+1])) ∨ (s=r−1∧(∀k:l ≤ k< s:L[k] ≤ L[k+1]))

    R:(∀k:l ≤ k<r:bininsert[k] ≤ bininsert[k+1])∧perm (bininsert, L[l:r])

    function elempar(L:SortingList;l:integer;var p:integer; r:integer):SortingList;

    Q:L ≠[]∧l<r

    R:l ≤ p ≤ r∧(∀k:l ≤ k ≤ p−1:elempar[k] ≤ elempar[p])∧(∀k:p+1 ≤ k ≤ r:elempar[p] ≤ elempar[k])∧perm(elempar,L)

    function select(L:SortingList;l:integer;var p:integer; r:integer):SortingList;

    Q :L ≠[]∧l<r

    R :p=l∧(∀k:p<k ≤ r:select[p] ≤ select[k])∧perm(select,L)

    function bubble(L:SortingList;l:integer;var p:integer;

r:integer):SortingList;

    Q :L≠[]∧l<r

    R :p=r∧(∀k:l ≤ k ≤ p−1:bubble[k] ≤ bubble[p])∧perm(bubble,L)

    function heappar(L:SortingList;l:integer;var p:integer; r:integer):SortingList;

    Q:L≠[]∧l<r

    R:p=r∧(∀k:l≤ k ≤ (r−l+1)/2:(2*k ≤ r=>heappar[k]≥heappar[2*k])∧((2*k+1) ≤ r=>heappar[k]≥heappar[2*k+1]))

    function middlesplit(L:SortingList):integer;

    Q:L≠[]

    R:middlesplit=(L.h+L.t)/2

    function rightsplit(L:SortingList):integer;

    Q:#(L)>1

    R:rightsplit=L.t-1

    function leftsplit(L:SortingList):integer;

    Q:L ≠[]

    R:leftsplit=L.h

    function thirdsplit(L:SortingList):integer;

    Q:L≠[]

    R:thirdsplit=L.h+ ((L.t-L.h+1)/3)

    function geth2(seed:integer,L:SortingList):integer;

    Q:L≠[]∧seed≥1

    R:geth2=seed/2;

    functiongeth22(seed:integer,L:SortingList):integer;

    Q:L ≠[]∧seed≥1

    R:geth22=seed/2.2;

    functionknuthgeth(seed:integer,L:SortingList):integer;

    Q:L ≠[]∧seed≥1

    R:(seed=#(L)∧knuthgeth ≤ seed/3)∨(seed≠ #(L)∧knuthgeth=(seed-1)/3)

    function hinsert(L:SortingList;h:integer):SortingList;

    Q:L ≠[]∧h≥1

R: ($\forall$i:0$\leqslant$i$\leqslant$#(L)-h-1:hinsert[i]$\leqslant$hinsert[i+h])

function hselect(L:SortingList;h:integer):SortingList;

Q:L $\neq$[]$\wedge$h$\geqslant$1

R: ($\forall$i:0$\leqslant$i$\leqslant$#(L)-h-1:hselect[i]$\leqslant$hselect[i+h])

function shellsublist(L:SortingList;h:integer): SortingList(SortingList);

Q:L $\neq$[]

R: ($\forall$i,j:0$\leqslant$i<h$\wedge$0$\leqslant$j<shellsublist[i].t-1:($\exists$m,n:0$\leqslant$m<n<L.t$\wedge$L[m]=shellsublist[i][j]$\wedge$L[n]=shellsublist[i][j+1]:(n-m)=h))

procedure swap(L:SortingList;i,j:integer);

Q:L $\neq$[]$\wedge$L[i]=a$\wedge$L[j]=b

R:L[i]=b$\wedge$L[j]=a

function isorder(L:SortingList):boolean;

Q:L $\neq$[]

R:isorder=true$\wedge$($\forall$k:0$\leqslant$k<#(L)-1:L[k]$\leqslant$L[k+1])$\vee$isorder=false$\wedge$($\exists$k:0$\leqslant$k<#(L)-1:L[k]>L[k+1])

procedure output(L:SortingList);

Q:L $\neq$[];

enddef;

implement ADT SortingList(**sometype** elem);

type SortingList=list(elem);

......

endimp.

从上述定义可以看到, SortingList 中包含系列操作, 其中的创建排序表 create、元素交换 swap、有序判断 isorder 和输出排序表 output 等子过程的实现比较简单, 可以直接给出, 而归并、划分等函数的实现将根据规约变换策略由从规约出发的形式化推导来得到.

1. 归并函数 ordmerge

为简单起见, 记 ordmerge 函数返回的结果为 a, 输入的排序表为 $a1$, ord($a[0:n-1]$) $\equiv$ ($\forall k: 0 \leqslant k < n-1 : a[k] \leqslant a[k+1]$), 即有 $a[i:j]$ = ordmerge($a1,i,s,j$). 对于 ordmerge 规约中的 perm, 我们有:

perm($a1, a$) $\equiv$ {将量词 N 转换到$\sum$}

($\forall i: 0 \leqslant i < n:(\sum j: 0 \leqslant j < n \wedge a1[j] = a[i]:1) = (\sum k: 0 \leqslant k < n \wedge a[k] = a[i]:1)$)

$\equiv\{$ST 2.1, 在 $0 \leqslant s \leqslant n-1$ 点范围分裂$\}$

$(\forall i: 0 \leqslant i \leqslant n-1: (\sum j: 0 \leqslant j \leqslant s \wedge a1[j] = a[i]:1) + (\sum j: s+1 \leqslant j \leqslant n-1 \wedge a1[j] = a[i]:1) = (\sum k: 0 \leqslant k \leqslant n-1 \wedge a[k] = a[i]:1))$

$\equiv\{$ST 2.3, ST 3, 对两个 $\sum$ 量词分别应用范围分裂、单点范围分裂$\}$

$(\forall i: 0 \leqslant i \leqslant n-1: (\sum j: a1[0]=a[i]:1) + (\sum j: 1 \leqslant j \leqslant s \wedge a1[j] = a[i]:1) + (\sum j: a1[s+1] = a[i]:1) + (\sum j: s+2 \leqslant j \leqslant n-1 \wedge a1[j] = a[i]:1) = (\sum k: 0 \leqslant k \leqslant n-1 \wedge a[k] = a[i]:1))$

$\equiv\{$ ST 2.3, 对 $\forall$ 量词范围分裂. 为简单起见, 将 $\forall$ 量词的函数部分记为 $allF\}$

$(\forall i: i = 0: allF) \wedge (\forall i: 1 \leqslant i \leqslant n-1: allF)$

$\equiv\{$ ST 3, 单点范围分裂$\}$

$(\sum j: a1[0]=a[0]:1) + (\sum j: 1 \leqslant j \leqslant s \wedge a1[j] = a[0] : 1) + (\sum j: a1[s+1] = a[0]:1) + (\sum j: s+2 \leqslant j \leqslant n-1 \wedge a1[j] = a[0]:1) = (\sum k: 0 \leqslant k \leqslant n-1 \wedge a[k] = a[0]:1) \wedge (\forall i: 1 \leqslant i \leqslant n-1: allF)$

$<=\{$若 $a1[0] \leqslant a1[s+1]$, 则 $a[0]=a1[0]$; 若 $a1[0]>a1[s+1]$, 则 $a[0]= a1[s+1]\}$

$(a1[0] \leqslant a1[s+1] \wedge a[0] = a1[0] \wedge \text{perm}(a1[1:s] \uparrow a1[s+1:n-1], a[1:n-1])) \vee$
$(a1[0]>a1[s+1] \wedge a[0] = a1[s+1] \wedge \text{perm}(a1[0:s] \uparrow a1[s+2:n-1], a[1:n-1]))$

将上述结果代入 ordmerge 规约, 有

$a[0:n-1] = \text{ordmerge}(a1,0,s,n-1) \equiv (\text{ord}(a1[0:s]) \wedge \text{ord}(a1[s+1:n-1]) \rightarrow \text{ord}(a[0:n-1])) \wedge \text{perm}(a1[0:n-1], a[0:n-1]);$

$<=(\text{ord}(a1[0:s]) \wedge \text{ord}(a1[s+1:n-1]) \rightarrow \text{ord}(a[0:n-1])) \wedge$

$((a1[0] \leqslant a1[s+1] \wedge a[0] = a1[0] \wedge \text{perm}(a1[1:s] \uparrow a1[s+1:n-1], a[1:n-1])) \vee$
$(a1[0]>a1[s+1] \wedge a[0] = a1[s+1] \wedge \text{perm}(a1[0:s] \uparrow a1[s+2:n-1], a[1:n-1])))$

$<=\{$ST 4, ST 5, 合取对析取的分配律, 并使用 ordmerge 的定义$\}$

$(a1[0] \leqslant a1[s+1] \wedge a[0] = a1[0] \wedge a[1:n-1]=\text{ordmerge}(a1[1:s], a1[s+1:n-1]))$
$\vee (a1[0]>a1[s+1] \wedge a[0] = a1[s+1] \wedge a[1:n-1]=\text{ordmerge}(a1[0:s], a1[s+2:n-1]))$

使用 if 分支来描述上述结果, 得到一般情况下 ordmerge 的递推关系:

$a[i:j]=\text{ordmerge}(a1[i:s], a1[s+1:j]) <= $ if $a1[i] \leqslant a1[s+1]$ then $a[i] = a1[i] \wedge a[i+1:j] = \text{ordmerge}(a1[i+1:s], a1[s+1:j])$ else $a[i] = a1[s+1] \wedge a[i+1:j] = \text{ordmerge}(a1[i:s], a1[s+2:j]), 0 \leqslant i \leqslant j \leqslant n-1, s=(i+j)/2.$

该递推关系体现了归并两个有序段成一个有序段的算法思想, 据此, 可以得到其 Radl 算法(略), 并进一步开发出 Apla 程序:

```
function ordmerge(L:SortingList;l,s,r:integer):SortingList;
var a1:SortingList;i,j:integer;
begin
```

```
    if ¬(L≠[]∧l≤s∧s≤r∧isorder(L[l:s])∧isorder(L[s+1:r]))
→ exit;
    i,j,a1:=l,s+1,[];
    do i≤s∧j≤r →if L[i]≤L[j]→a1,i:=a1↑[L[i]],i+1;
            []L[i]>L[j]→a1,j:=a1↑[L[j]],j+1;
            fi;
    od;
    if i≤s→a1:=a1↑ L[i..s];
    []j≤r →a1:=a1↑ L[j..r];
    fi;
    ordmerge:=a1[0:r-l+1];
end;
```

2. 归并函数 bininsert

记法同上, 将排序表 $a1[0:i-1]$ 的中点记为 m, 即 $m = (i-1)/2$, 则首先将该归并问题分划为

bininsert$(a1,0,i-1,i) \equiv F(\text{bininsert}(a1,0,m-1, i), \text{bininsert}(a1,m+1, i-1, i))$
根据 bininsert 的规约, 有

$a[0: i] = $ bininsert $(a1,0,i-1,i)$
$\equiv (\text{ord}(a1[0: i-1]) \wedge \text{ord}([a1[i]]) \rightarrow \text{ord}(a[0:i])) \wedge \text{perm}(a1[0: i], a[0: i])$
$\equiv \{化简, \text{ord}([a1[i]]) = \text{true}\}$
$(\text{ord}(a1[0: i-1]) \rightarrow \text{ord}(a[0:i])) \wedge \text{perm}(a1[0: i], a[0: i])$

$\equiv \{m = (i-1)/2\}$
$\text{perm}(a1[0:m-1] \uparrow a1[m] \uparrow a1[m+1: i-1] \uparrow a1[i], a[0: i]) \wedge (\text{ord}(a1[0: i-1])$
$\rightarrow \text{ord}(a[0:i]))$
$<=\{\text{ord}(a1[0: i-1]) \rightarrow \text{ord}(a[0:i])\}$

(1) $a1[i] < a1[m] \wedge a[0: m] = \text{bininsert}(a1[0:m-1], [a1[i]]) \wedge a[m+1:i] = a1[m]$
$\uparrow a1[m+1: i-1]$

$\equiv a1[i] < a1[m] \wedge a[0: m] = \text{bininsert}(a1[0: m-1], [a1[i]]) \wedge a[m+1:i] = a1[m: i-1]$

(2) $a1[i] = a1[m] \wedge a[0: i] = a1[0: m-1] \uparrow a1[m] \uparrow a1[i] \uparrow a1[m+1: i-1]$

$\equiv a1[i] = a1[m] \wedge a[0: i] = a1[0: m] \uparrow a1[i] \uparrow a1[m+1: i-1]$.

(3) $a1[i] > a1[m] \wedge a[0: m] = a1[0: m-1] \uparrow a1[m] \wedge a[m+1:i] = \text{bininsert}(a1[m+1: i-1], [a1[i]])$

$\equiv a1[i] > a1[m] \wedge a[0: m] = a1[0:m] \wedge a[m + 1: i] = \text{bininsert}\ (a1[m + 1: i - 1],$
$[a1[i]])$

因此, 可得到如下求解 bininsert 的递推关系:

$$\text{bininsert}\ (a1,0, i - 1, i) <=
\begin{cases}
\text{merge2}(a1,0,m-1,i),\ a1[i] < a1[m], \\
\text{merge2}(\ a1,m+1, i -1,i),\ a1[i] \geqslant a1[m],
\end{cases}
m = (i - 1)/2,\ 0 \leqslant i \leqslant n - 1.$$

该递推关系体现了二分插入的算法思想. 根据 LIS 3.2, 让排序表 a 存放排序结果, 并约束循环控制变量的变化范围, 得到循环不变式 ρ:

$((\forall k:\ \text{left} \leqslant k \leqslant m:\ a[k] \leqslant a[i]) \vee (\forall k:\ m \leqslant k \leqslant \text{right}:\ a[k] > a[i])) \wedge 0 \leqslant \text{left} \leqslant i \wedge - 1 \leqslant \text{right} \leqslant i - 1 \wedge m = (\text{left} + \text{right})/2$

即查找 $a[i]$ 在 $a[0:i - 1]$ 中的插入位置时, 使用变量 left, right 和 m 来动态记录查找范围的起点、终点以及中点, 并始终有 $a[i]$ 不小于左半段元素或小于右半段元素成立, 相对应地, 插入位置位于序列右半段或左半段.

上述过程得到了插入 $a[i]$ 到有序段 $a[0:i - 1]$ 并保证结果 $a[0:i]$ 有序的算法思想, 显然, 将 $a[0]$ 插入到有序段 $a[1:i]$ 中并使得 $a[0:i]$ 有序的做法与之相同, 因此, 在 Apla 程序中, 我们加入了预处理, 使这两种情况可以由一个归并函数实现:

```
function bininsert(L:SortingList;l,s,r:integer):Sorting
List;
  var left,right,m,x:integer;
  begin
  if¬(L≠[]∧((s=l∧isorder(L[s+1:r]))∨(s=r-1∧isorder(L[l:
s]))))→ exit;
  if(s=l)→x,left,right:=L[l],s+1,r;
  [](s=r-1)→x,left,right:=L[r],l,s;
  fi;
  do(left≤right)→m:=(left+right)/2;
      if(x<L[m])→right:=m-1;
      [](x≥L[m])→left:=m+1;
      fi;
  od;
  if(s=l)→bininsert:=L[l+1:..right-1]↑[x]↑L[right:r];
  [](s=r-1)→bininsert:=L[l:..left-1]↑[x]↑L[left:r-1];
  fi;
  end;
```

3. 划分函数 elempar

将输入记为 b, 输出记为 $a1$, 则根据 elempar 规约有

elempar($a1, i, t, j$)

$\equiv (\forall p: i \leqslant p < t: a1[p] \leqslant a1[t]) \land (\forall q: t < q \leqslant j: a1[t] \leqslant a1[q]) \land \mathrm{perm}(a1, b)$
　$<= \{$令 $a1[t] = b[i]$, 即取序列段 $b[i: j]$ 的首元素为划分元$\}$

$(\forall p: i \leqslant p < t: a1[p] \leqslant a1[t]) \land (\forall q: t < q \leqslant j: a1[t] \leqslant a1[q]) \land \mathrm{perm}(a1, b) \land a1[t] = b[i]$
① $\equiv \{$ ST 2.3, ST 3, 在 $p=i$ 处范围分裂和单点范围分裂$\}$

$(\forall p: i < p < t: a1[p] \leqslant a1[t]) \land (\forall q: t < q \leqslant j: a1[t] \leqslant a1[q]) \land a1[i] \leqslant a1[t] \land \mathrm{perm}(a1, b) \land a1[t] = b[i]$
　$<= \{$ ST 5, 使用 elempar 定义$\}$

elempar($a1, i + 1, t, j$), $a1[i] \leqslant b[i]$
② $\equiv \{$STS 2.3, ST 3, 在 $q=j$ 处范围分裂和单点范围分裂$\}$

$(\forall p: i \leqslant p < t: a1[p] \leqslant a1[t]) \land (\forall q: t < q < j: a1[t] \leqslant a1[q]) \land a1[t] \leqslant a1[j] \land \mathrm{perm}(a1, b) \land a1[t] = b[i]$
　$<= \{$ ST5, 使用 elempar 定义$\}$

elempar($a1, i, t, j - 1$), $b[i] \leqslant a1[j]$
③ $\equiv \{$ST 2.3, ST 3, 分别在 $p = i$ 及 $q = j$ 处范围分裂和单点范围分裂$\}$

$(\forall p: i < p < t: a1[p] \leqslant a1[t]) \land (\forall q: t < q < j: a1[q]) \land a1[i] \leqslant a1[t] \land a1[t] \leqslant a1[j] \land \mathrm{perm}(a1, b) \land a1[t] = b[i]$
　$<= \{$ST 5, 使用 elempar 定义$\}$

elempar ($a1, i + 1, t, j - 1$), $a1[i] \leqslant b[i] \land b[i] \leqslant a1[j]$
使用 if 分支来描述上述结果, 得到如下关于 elempar 的递推关系:

elempar($a1, i, p, j$) $<= $ if ($a1[i] \leqslant b[i]$) then elempar($a1, i + 1, p, j$) else if ($b[i] \leqslant a1[j]$) elempar($a1, i, p, j - 1$) else if ($a1[i] \leqslant b[i] \land b[i] \leqslant a1[j]$) elempar($a1, i + 1, p, j - 1$)

首先由该递推关系所揭示的算法思想, 我们可以写出函数的实现: 排序表 b 刻画了待划分序列的初始状态, $a1$ 刻画了初始序列 b 被划分后的状态, a 是终止状态, 表示已排好序, 即使用 $b \to a1 \to a$ 刻画了同一个排序表的三种状态变迁. 因此, 在算法实现时, 通过一个变参排序表 a 来表示随着划分的进行而改变的排序表, 以排序表段的头元素作为划分元来划分段 $a[l:r]$, 当 $a[l] > x \land x > a[r]$ 时需交换 $a[l]$ 和 $a[r]$, 并将 l 递增, r 递减, 然后划分段 $a[l + 1: r - 1]$, 最后得到划分元在结果中的最终位置 p, 并返回划分后的排序表.

```
function elempar(L:SortingList;l:integer;var p:integer;
r:integer):SortingList;
```

```
var x,i,j:integer;
begin
  if¬(L ≠[]∧l<r )→ exit;
  i,j,x:=l+1,r,L[l];
  do (i< j)→ do (i<r∧L[i]<x)→ i:=i+1;od;
       do (j>l∧L[j]>x) → j:=j－1;od;
       if (i<j)→ L[i],L[j],i,j:=L[j],L[i],i+1,j－1;fi;
  od;
  L[l],L[j],p:=L[j],x,j;
  elempar:=L;
end;
```

4. 划分函数 select

从 select 的规约可以看出，它已经变成一个选择最小元的操作，即将 $L[l:r]$ 的最小元选出后，置于该表段首位置 l.

```
function select(L:SortingList;l:integer;var p:integer;r:
integer):SortingList;
  var i,k:integer;
begin
  if¬(L ≠[]∧l<r )→ exit;
  i,k:=l+1,l;
  do i⩽r →if L[i]<L[k] → k:=i;fi; i:=i+1; od;
  p,L[l],L[k]:=l,L[k],L[l];
  select:=L;
end;
```

5. 划分函数 bubble

从 bubble 的规约可以看出，它是一个选择最大元的操作，取到 $L[l:r]$ 的最大元后，置于该表的末位 r.

要使 $L[r]$ 成为 $L[l:r]$ 的最大元，可以用 k 从前往后逐步扫描 $L[l:r]$，且在扫描过程中始终保证 $L[k]$ 为 $L[l:k]$ 的最大元，即保持不变式 $(\forall i: l⩽i⩽k: L[k] ⩾ L[i]) \wedge 0⩽k ⩽ r$，则当 $k=r$ 时，$L[r]$ 为 $L[l:r]$ 中的最大元.

```
function bubble(L:SortingList;l:integer;var p:integer;r:
integer):SortingList;
```

```
var i:integer;
begin
   if¬(L ≠[]∧l<r)→ exit;
   i:=l;
   do i<r →if L[i]>L[i+1]→L[i],L[i+1]:=L[i+1],L[i];fi;
     i:=i+1;
   od;
   bubble,p:=L,r;
end;
```

6. 划分函数 heappar

从该函数的规约可以看出，输出的排序表构成一个最大堆，因此在函数体内，根据输入数据，构造最大堆并将堆顶元素位置赋给变量 p.

首先定义 buildheap 来完成一次建堆的过程：

```
procedure buildheap(var a:SortingList;left,r:integer);
var i,j,x:integer;
begin
   i,j,x:=left,2* left,a[left];
   do j⩽r → if(j<r∧a[j]<a[j+1])→j:=j+1;fi;
         if x<a[j]→a[i],i:=a[j],j;j:=2*i;
            []→ j:=r+1;
         fi;
   od;
   if(i≠left) → a[i]:=x;fi;
end;
```

则基于上述过程，实现分划函数如下：

```
function heappar(L:SortingList;l:integer;var p:integer;
r:integer):SortingList;
begin
   if¬(L ≠[]∧l<r)→ exit;
   L[l],L[r]:=L[r],L[l];
   buildheap(L,l,r−1);
   heappar,p:=L,r;
end;
```

7. 分裂函数

这里, 我们根据相应的规约, 直接给出四个分裂操作的函数实现.

```
function middlesplit(L:SortingList):integer;
begin
   if(L ≠[])→ middlesplit:=(L.h+L.t)/2;
end;
function rightsplit(L:SortingList):integer;
begin
   if(L≠[])→ rightsplit:=L.t-1;
end;
function leftsplit(L:SortingList):integer;
begin
   if(L≠[])→ leftsplit:=L.h;
end;
function thirdsplit(L:SortingList):integer;
begin
   if(L≠[])→ thirdsplit:=L.h+ ((L.t-L.h+1)/3);
end;
```

8. 计算增量 h 的函数

根据相应函数的规约, 可以直接写出函数的实现:

```
function geth2(seed:integer,L:SortingList):integer;
begin
    geth2:=seed/2;
end.
function geth22(seed:integer,L:SortingList):integer;
begin
    geth22:=seed/2.2;
end.
functionknuthgeth(seed:integer,L:SortingList):integer;
var h:integer;
begin
    h:=1;
```

```
if(seed=#(L))→do(h≤seed/3→ h:=h*3+1;od;
             []→ h:=(seed-1)/3;
fi;
knuthgeth:=h;
```
end.

9. *h*-增量有关的组排序函数

SortingList 中包含 *h* 增量插入函数和 *h* 增量选择函数, 由它们的规约可以看出, 将插入排序和选择排序中的变量变化的步长由 1 改为 *h* 时, 即可得到相应的 *h* 增量排序函数.

```
function hinsert(L:SortingList;h:integer):SortingList;
var i,j,t,n:integer;
begin
  i,n:=h,#(L);
  do (i≤n-1) → t,j:=L[i],i-h;
              do(j≥0∧t<L[j])→L[j+h],j:=L[j],j-h;od;
              L[j+h]:=t;
              i:=i+1;
  od;
  hinsert:=L;
end;
function hselect(L:SortingList;h:integer):SortingList;
var i,j,k,n:integer;
begin
  i,n:=0,#(L);
  do(i≤n-1-h) →k,j:=i,i+h;
              do(j ≤ n-1)→if(L[j]<L[k]) →  k:=j;fi;j:=j+h;od;
              if(k≠i)→L[i],L[k]:=L[k],L[i];fi;
              i:=i+1;
  od;
  hselect:=L;
end;
```

10. shell 划分函数

从该函数的后置断言可以看出, 它根据给定的距离 h, 将排序表 L 跳跃划分成 h 个子段, 相距 h 的元素在同一个子段中. 由于每一个子段的长度不会超过 L 的长度 $L.t$ 的 $1/h$, 因此, 我们可以定义一个一维长度为 $L.t/h$、二维长度为 h 的二维序列, 用以保存划分的结果.

```
function shellsublist(L:SortingList;h:integer):Sortin gList
(SortingList);
  var i,j:integer;s:list(list(elem,L.t/h),h);
  begin
    if(L=[])→ exit;
    i:=0;
    do (i<h) → s[i],j:=s[i]↑L[i],i+h;
       do(j<L.t)→ s[i],j:=s[i]↑L[j],j+h;od;
       i:=i+1;
    od;
    shellsublist:=s;
  end;
```

6.4.2　类型构件 Heap

在预定义 ADT btree 的基础上, 本书实现了带类型参数的泛型最小堆, 其中, composeheap 用于构造堆, decomposeheap 的功能是分解树的所有元素到序列, insert 插入给定元素到堆中并使得结果仍为堆, removemin 移除最小元并返回结果堆, minheap 的功能是求出最小堆中的最小元并将其从最小堆中删除, 同时保持堆的性质. 详列如下:

```
define ADT Heap(sometype elem);
  type Heap=private;
  function composeheap(b:list(elem):Heap;
  function decomposeheap(h:Heap):list(elem);
  function insert(x:elem;h:Heap):Heap;
  function removemin(h:Heap):Heap;
  function minheap(var h:Heap):elem;
enddef;
implement ADT Heap(sometype elem);
```

```
type Heap=btree(elem);
function composeheap(b:list(elem)):Heap;
begin
    if(b=[])→ composeheap:=%;
            []→    composeheap:=insert(b[h],composeheap(b
[h+1..t]));
    fi;
end;
function decomposeheap(h:Heap):list(elem);
begin
    if(h=%)→ decomposeheap:=[];
            []→ decomposeheap:=[h.d]↑decomposeheap(removem
in(h));
    fi;
end;
function insert(x:elem;h:Heap):Heap;
begin
    if(h=%)→ h:=h+x;
            []→ if(h.d<=x)→h.r:=insert(x,h.r);
                        []→h.r:=insert(h.d,h.r);h.d:=x;
                fi;
    fi;
    insert:=h;
end;
function removemin(h:Heap):Heap;
begin
    if(h=%)→ removemin:=% ;
            []→ if(h.l=%)→ removemin:=h.r ;
                (h.l≠%∧ h.r=%)→removemin:=h.l ;
                    []→ if (h.l.d<=h.r.d) →h.d:=h.l.d;
                            h.l:=removemin(h.l);
                        []→h.d:=h.r.d;
                            h.r:=removemin(h.r);
                    fi;
                fi;
            fi;
```

```
        fi;
end;
function minheap(var h:Heap):elem;
begin
        if(h=%)→minheap:=[];
             []→minheap:=h.d;h:=removemin(h);
        fi;
    end;
endimp.
```

使用该类型构件时, 首先需提供具体的元素类型来实例化 heap, 以得到具体的堆类型, 如下列语句就得到一个具体的堆中元素为整型的最小堆类型 intHeap:

ADT intHeap: **new** heap (integer);

6.4.3　算法构件 DBPSort

从 Specification 6.1 出发, 我们将原问题固定分划成两个子问题, 使用 PAR 方法形式化推导出 DBPSort 泛型算法构件的实现, 并提供了泛型参数的约束.

引进一个 split 函数来给出分裂的位置, 其规约如下:

Specification 6.4: split

|[**in** a: SortingList; **out** split: integer]|

AQ 6.4: $a \neq []$;

AR 6.4: $a.h \leqslant split < a.t$.

将该问题记为 split(a), 令 $s = \text{split}(a[0: n-1])$, 则原问题分划为 sort($a$, 0, $n-1) \equiv F(\text{sort}(a1, 0, s), \text{sort}(a1, s+1, n-1))$, 这里 F 是待确定的函数, $a1$ 是一个中间序列变量, 表示序列 a 的中间状态.

假设 sort($a1$, 0, s)和 sort($a1$, $s+1$, $n-1$)这两个子问题已求解, 接下来, 我们通过规约变换来寻找 F:

sort(a, 0, $n-1) \equiv \text{ord}(a[0: n-1]) \wedge \text{perm}(a[0: n-1], b[0: n-1])$

$\equiv$ {将 b 序列在 s 处分成两个子序列}

$\text{ord}(a[0: n-1]) \wedge \text{perm}(a[0: n-1], b[0: s] \uparrow b[s+1: n-1])$

$<=$ {ST 2. 引入 $a1$ 来表示序列 a 的中间状态, 满足 perm(a, $a1$)}

$\text{ord}(a[0: n-1]) \wedge \text{perm}(a1[0: s], b[0: s]) \wedge \text{perm}(a1[s+1: n-1], b[s+1: n-1])$

$\wedge \text{perm}(a, a1)$

$<=$ {$\text{ord}(a1[0: s]) \wedge \text{ord}(a1[s+1: n-1]) \wedge (\text{ord}(a1[0: s]) \wedge \text{ord}(a1[s+1: n-1])$

$\rightarrow \text{ord}(a[0: n-1]))$}

ord($a1[0: s]$) $\wedge$ ord($a1[s + 1: n - 1]$) $\wedge$ (ord($a1[0: s]$) $\wedge$ ord($a1[s + 1:n - 1]$)$\rightarrow$ord ($a[0:$

$n - 1]$)) $\wedge$ perm($a1[0: s]$, $b[0: s]$) $\wedge$ perm($a1[s + 1:n - 1]$, $b[s + 1:n - 1]$) $\wedge$perm($a, a1$)

　　$\equiv$ {ST 5, 使用 sort 定义}

sort($a1, 0, s$) $\wedge$ sort($a1, s + 1, n - 1$) $\wedge$ (ord($a1[0: s]$) $\wedge$ ord($a1[s + 1: n - 1]$)$\rightarrow$ord

($a[0: n - 1]$)) $\wedge$ perm($a, a1$)

　　引入一个新函数 merge, 满足上述结果中除 sort 外的谓词, 并将 merge 函数的结果存放在序列 a 中, 则有关于 sort 的递推关系:

sort($a, 0, n - 1$) $<$ = sort($a1, 0, s$) $\wedge$ sort($a1, s + 1, n - 1$) $\wedge$ $a[0: n - 1]$ = merge($a1$

$[0:s]$, $a1[s + 1: n - 1]$)　　　　　　　　　　　　　　　　　　　(6.1)

　　$a[0: n - 1]$ = merge($a1[0: s]$, $a1[s + 1: n - 1]$), 满足(ord($a1[0: s]$) $\wedge$ ord($a1[s + 1:$

$n - 1]$) $\rightarrow$ ord($a[0: n - 1]$)) $\wedge$ perm($a1, a$)

　　我们详细列出 merge 函数的规约如下:

Specification6.5: merge

　　|[**in**　n,s:integer;a1[0:n − 1]:SortingList;**out**　a[0:n − 1]:

SortingList]|

　　AQ　6.5:n⩾0∧0⩽s<n∧a=a1;

　　AR　6.5:a[0:n − 1]=merge(a1,0,s,n − 1)≡(ord(a1[0:s])∧ ord(a1

[s+1:n − 1])→ ord(a[0:n − 1]))∧perm(a1[0:n − 1],a[0:n − 1]);

　　这里的 ord 和 perm 谓词的定义与 sorting 规约中的相同.

　　将 split 和 merge 函数定义为操作参数, 在式(6.1)、split 规约及 merge 规约的基础上, 得到如下泛型 Radl 算法:

　　Algorithm:DBPSort;

　　|[a,a1:SortingList;left,right,s:integer;somefunc

split:integer;somefunc merge:SortingList]|

　　{AQ6.1,AR6.1}

　　Begin:a1=a;left=0;right=n − 1;s=split(a);

　　Termination:left⩾right;

　　Recur:

　　sort(a,0,n − 1)<=sort(a1,0,s)∧sort(a1,s+1,n − 1)∧a[0:n − 1]=

merge(a1,0,s,n − 1)

　　End.

　　序列 b 刻画了待排序序列的初始状态, 序列 $a1$ 刻画了初始序列 b 被划分后的状态, a 表示序列排好序的终止状态, 即, 使用 $b\rightarrow a1\rightarrow a$ 刻画了同一个序列的三种状态变迁, 因此, 在算法实现时, 我们把它们均实现成序列 a. 基于 Radl 算法, 利用 PAR 平台对泛型的支持, 我们可以容易得到如下基于 DBP 分划求解排序问题的递归 Apla 抽象子程序:

```
procedure DBPSort(somefuncsplit(b:SortingList):integer;
somefunc  merge(b:SortingList;l,s,r:integer):SortingList;var
a:SortingList;left,right:integer);
   var s:integer;
   begin
      if (left<right)→ s:=split(a[left:right]);
                  DBPSort(a,left,s);
                   DBPSort(a,s+1,right);
                   a[left:right]:= merge(a,left,s,right);
      fi;
   end;
```

接下来, 我们使用循环不变式开发新策略, 开发 DBPSort 算法程序的循环不变式, 并为获得高效率的非递归 Apla 程序做好准备.

将每个子问题表示成有序对 $(i : j)$ 的形式, $(i : j)$ 确定了进行排序的序列段范围, 并将它看成一个长度为 2 的序列 $[i , j]$. 定义两个序列变量 q 和 S, q 序列长度为 2, $q[h]q[t]$ 分别表示存放当前待排序序列段的起始位置和结束位置, 即 sort(a, $q[h]$, $q[t]$) 为当前正准备解决的子问题, S 是一起堆栈作用的序列变量, 用于存放没有排序而尚待排序的序列段. S 的内容由下面定义的函数 F 递归给出:

(1) $F([]) = []$;

(2) $F(q \uparrow S) = $ sort(a, $q[h]$, $q[t]$) $\rightarrow$ merge($a[q[h] : q[t]]$, $F(S)$).

这里的箭头 "→" 表示先求解子问题 sort(a, $q[h]$, $q[t]$), 再将其解 $a[q[h]: q[t]]$ 与 $F(S)$ 的解归并得到有序结果. 根据所得的递推关系以及上述定义, 我们可构成如下所需的循环不变式:

ρ: sort(a, 0, $n-1$) $\equiv$ $a[0:n-1]=$ merge($a[0: q[h] - 1]$, sort($a,q[h],q[t]$)$\rightarrow$merge($a[q[h]: q[t]]$, $F(S)$))

由 Radl 算法和循环不变式, 归纳得到下列非递归的 DBP 分划求解排序问题的 Apla 抽象子过程:

```
procedure DBPSort(somefunc split(b:SortingList):integer
r;somefunc merge(b:SortingList;l,s,r:integer):SortingLi st;
var a:SortingList;left,right:integer);
```

```
var p:integer;q:list(integer,2);S:list(list(intege r,2));
begin
    S,q[h],q[t]:=[],left,right;
    do(q≠[]∧q[h]<q[t])→p:=split(q);q[t],S:=p,[p+1,q[t]]↑S;
    [](q≠[]∧q[h]≥q[t]) →a[left:q[t]],q:=merge(a,left,q[h],
q[t]),[];
    [](q=[]∧S≠[])→ q,S:=S[h],S[h+1..t];
    od;
end;
```

其中, S 是以序列为元素的序列变量. do 语句的第一个条件分支表示子问题 q 的规模还比较大, 不能直接求解, 则调用 split 函数将子问题继续划分, 并将划分出来的另一个子问题放入序列 S; 第二个条件分支表示子问题 q 规模足够小, 调用 merge 进行求解并将结果存入结果序列段中, 同时置 q 为空; 第三个分支表示当 q 为空而 S 非空时取序列 S 的头元素(即一个未解决的子问题)赋给 q, 以便下次求解, 同时将 S 头元素删除.

通过提供具体的问题分划函数和合并函数, 分别实例化 DBPSort 的分划函数参数 split 和合并函数参数 merge, 就可以生成系列不同的基于 DBP 分划的排序算法程序.

为了保证泛型程序实例化的正确性, 必须对泛型参数进行约束. 抽象排序算法的推导过程提供的 split 函数规约 Specification 6.4 和 merge 函数的规约 Specification 6.5 就起到约束泛型参数的作用, 即只有分别满足 Specification 6.4 和 Specification 6.5 的具体子程序, 才能用来替换 DBPSort 中的子程序参数.

6.4.4　算法构件 UBPSort

引入一个 partition 函数来分划出子问题. 通过如下排序规约的形式化变换得到 parititon 函数的规约:

$ord(a[0:n-1]) \equiv (\forall k: 0 \leqslant k < n-1: a[k] \leqslant a[k+1])$
$\equiv$ {ST2.2, 范围分裂 $0 \leqslant k < p \vee p < k < n-1$, 变量 p 满足 $0 \leqslant p \leqslant n-1 \wedge a[p] = b[0]$}

$(\forall k: 0 \leqslant k \leqslant p: a[k] \leqslant a[k+1]) \wedge (\forall k: p < k < n-1: a[k] \leqslant a[k+1])$
$\equiv$ {ST 2.3, ST 3, 分别在 $k=p$ 和 $k=p-1$ 处范围分裂和单点范围分裂}

$(\forall k: 0 \leqslant k < p-1: a[k] \leqslant a[k+1]) \wedge a[p-1] \leqslant a[p] \wedge a[p] \leqslant a[p+1] \wedge (\forall k: p < k < n-1: a[k] \leqslant a[k+1])$
$\Leftarrow$ {$(\forall k: 0 \leqslant k < p: a[k] \leqslant a[p]) \Rightarrow a[p-1] \leqslant a[p]$, 用 $a[0: p-1] \leqslant a[p]$ 表示段

$a[0: p-1]$中所有元素不大于 $a[p]$, 则有 $a[0: p-1] \leqslant a[p] => a[p-1] \leqslant a[p]$, 同理有
$a[p] \leqslant a[p+1: n-1] => a[p] \leqslant a[p+1]\}$

　　$(\forall k: 0 \leqslant k < p-1: a[k] \leqslant a[k+1]) \wedge a[0:p-1] \leqslant a[p] \wedge a[p] \leqslant a[p+1:n-1] \wedge$
$(\forall k: p < k < n-1: a[k] \leqslant a[k+1])$

　　$\equiv\{\text{ST 5, 使用 ord 定义}\}$

　　$\text{ord}(a[0: p-1]) \wedge \text{ord}(a[p+1: n-1]) \wedge a[0: p-1] \leqslant a[p] \wedge a[p] \leqslant a[p+1:n-1]$
将上述结果代入 sort$(a, 0, n-1)$定义, 有

　　$\text{sort}(a,0,n-1) \equiv \text{ord}(a[0: n-1]) \wedge \text{perm}(a[0: n-1], b[0: n-1])$

　　　$<= \text{ord}(a[0:p-1]) \wedge \text{ord}(a[p+1: n-1]) \wedge \text{perm}(a[0:n-1], b[0:n-1]) \wedge a[0: p-1] \leqslant a[p] \wedge a[p] \leqslant a[p+1:n-1]$

　　　$<=\{\text{引入序列 } b1 \text{ 来表示待排序序列的中间状态, 满足 perm}(b1, b)\}$

　　$\text{ord}(a[0: p-1]) \wedge \text{perm}(a[0: p-1], b1[0: p-1]) \wedge \text{ord}(a[p+1: n-1]) \wedge$
$\text{perm}(a[p+1: n-1], b1[p+1: n-1]) \wedge \text{perm}(b1,b) \wedge b1[0: p-1] \leqslant b1[p] \wedge b1[p] \leqslant b1[p+1: n-1]$

　　　$<=\{\text{ST 5, 使用定义}\}$

　　$\text{sort}(a, 0, p-1) \wedge \text{sort}(a, p+1, n-1) \wedge \text{perm}(b1, b) \wedge b1[0: p-1] \leqslant b1[p] \wedge b1[p] \leqslant b1[p+1: n-1]$

　　从上述结果可以看出, $a[0: p-1]$和 $a[p+1: n-1]$分别是对 $b1[0: p-1]$和 $b1[p+1: n-1]$排序的结果, 且有 $a[p] = b1[p] = b[0]$. 引进 partition 来记上述结果中除 sort 外的部分, 即 partition$(b1, 0, p, n-1) \equiv \text{perm}(b1,b) \wedge b1[0: p-1] \leqslant b1[p] \wedge b1[p] \leqslant b1[p+1: n-1]$, 则得到: sort$(a, 0, n-1) <= \text{sort}(a, 0, p-1) \wedge \text{sort}(a, p+1, n-1) \wedge \text{partition}(b1, 0, p, n-1)$, $0 \leqslant p \leqslant n-1 \wedge a[p] = b[0]$.

　　根据问题分划及上述结果, 得到一般情形下的 sort 递推关系如下:

　　sort $(a, i, j) <= \text{sort}(a, i, p-1) \wedge \text{sort}(a, p+1, j) \wedge \text{partition}(b1, i, p, j), 0 \leqslant i \leqslant p \leqslant j \leqslant n-1 \wedge a[p] = b[0]$. 　　　　　　　　　　　(6.2)

　　根据 partition 的定义, 它表示将序列 $b[0:n-1]$划分到满足 $b1[0: p-1] \leqslant b1[p] \wedge b1[p] \leqslant b1[p+1: n-1]$关系的状态 $b1$. 我们将 partition 视为一个新的问题, 给出它的规约如下:

Specification 6.6: partition

```
|[in n:integer;out p:integer;a[0:n-1]:SortingList;aux
b[0:n-1]:SortingList]|
```

　　AQ 6.6:n≥0∧a=b;

　　AR 6.6:a[0:n-1]=partition(b,0,p,n-1) ≡ 0≤ p ≤ n-1∧
a[0:p-1]≤a[p]∧a[p]≤a[p+1:n-1]∧perm(a,b);

这里的 perm 谓词的定义与 sorting 规约 Specification 6.1 中的相同.

基于式(6.2)和 partition 的规约, 将 partition 定义为操作参数, 我们可以得到如下泛型 Radl 算法:

```
Algorithm:UBPSort;
|[a,b1:SortingList;left,right,p:integer;somefunc
partition:SortingList]|
{AQ 6.1,AR 6.1}
Begin:b1=a;left=0;right=n-1;
Termination:left≥right;
Recur:
sort(a,0,n-1)<=sort(a,0,p-1)∧sort(a,p+1,n-1)∧a[0:n-1]=part
ition(b1,0,p,n-1)
End.
```

该算法体现了递归的思想, 将其转换到递归程序很简单. 接下来, 我们将为它开发一个非递归的 Apla 算法程序.

首先引入两个序列变量 q 和 S. q 序列长度为 2, 用于存放当前正准备解决的子问题范围, 也就是存放正准备划分的序列段范围, $q[h]$ 和 $q[t]$ 分别为该序列段的起始位置和结束位置. S 用于存放仍没有被划分而尚待划分的序列段. 用以下的递归函数 F 定义 S 的内容:

(1) $F([]) = \text{true}$;

(2) $F(q \uparrow S) = \text{sort}(a, q[h], q[t]) \wedge F(S)$.

根据递推关系及以上定义, S 和 q 满足下式, 即循环不变式:

$$\rho: \text{sort}(a, 0, n-1]) = \text{sort}(a, q[h], q[t]) \wedge F(S)$$

基于 Radl 算法和循环不变式, 我们可以归纳得到基于 UBP 分划求解排序问题的非递归 Apla 抽象子过程:

```
procedure  UBPSort(somefunc  partition(b:SortingList;l:
integer;var p:integer;r:integer):SortingList;var a:SortingList;
left,right:integer);
var p:integer;q:list(integer,2);S:list(list(intege r,2));
begin
    S,q[h],q[t]:=[],left,right;
    do (q[h]<q[t])→ a[q[h]:q[t]]:=partition(a,q[h],p,q[t]);
                q[t],S:=p-1,[[p+1,q[t]]] ↑S;
```

```
    []  (q[h]≥q[t]∧S≠[])→ q,S:=S[h],S[h+1..t];
    od;
end;
```

通过实例化该泛型算法构件, 可以生成一类排序算法程序, 如快速排序, 堆排序, 等等, 它们均将原问题函数分划成两个事先无法确定的子问题. 同样地, partition 的规约 Specification 6.6 起到对 partition 函数参数的约束, 即只有满足 Specification 6.6 的具体子程序, 才能用来实例化 UBPSort.

6.4.5　算法构件 HSort

根据 H-增量排序的分组思想, 按某个增量 h 等距离分裂原待排序序列, 并让 h 逐渐减少到 1. 增量序列不同, 所得排序算法也不同. 另外, 分组之后, 同组内元素的排序也可以使用不同的算法. 把计算增量序列的函数和组内元素排序的算法定义为操作参数, 可得到一个泛型 H-增量排序算法:

```
procedure HSort(somefunc geth(seed:integer;b:SortingLis
t):integer;somefunc
subsort(b:SortingList;h:integer):SortingList;var
a:SortingList);
    var d:integer;
    begin
        d:=geth(#(a),a);
        do(d≥1)→ a:=subsort(a,d);d:=geth(d,a);od;
    end.
```

这里, 函数参数 geth(seed:integer; b: SortingList)根据给定的种子 seed 来计算下一个增量, 它的规约非形式化的描述为: 所计算结果构成的增量序列中, 最后一个元素为 1. 函数参数 subsort(b: SortingList; h:integer)对 b 中距离为 h 的元素排序.

6.5　查找算法类构件实现

6.5.1　类型构件 SearchingList

SearchingList 类型封装了查找算法的基本操作, 这里直接给出它的定义:

```
define ADT SearchingList(sometype elem);
```

```
type SearchingList=private;
function create():SearchingList;
R:create=list(elem);
function divide1(L:SearchingList):integer;
Q:L ≠[]
R:divide1=(L.h+L.t)/2
function divide2(L:SearchingList):integer;
Q:L ≠[]
R:divide2 =L.t
function divide3(L:SearchingList):integer;
Q:#(L) >1
R:divide3=L.t-1
function divide4(L:SearchingList):integer;
Q:L ≠[]
R:divide4=L.h
function divide5(L:SearchingList):integer;
Q:#(L) >1
R:divide5=L.h+1
function divide6(L:SearchingList):integer;
Q:L ≠[]
R:divide6=L.h+((L.t-L.h+1)/3)
function divide7(L:SearchingList):integer;
Q:#(L) >1
R:divide7=((L.h+L.t)/2)+1
procedure swap(L:SearchingList;i,j:integer);
Q:L ≠[]∧L[i]=a∧L[j]=b
R:L[i]=b∧L[j]=a
function isorder(L:SearchingList):boolean;
Q:L ≠[]
R:isorder=true∧(∀k:0 ≤ k<#(L)-1:L[k] ≤ L[k+1])∨ isorder=
false∧(∃k:0 ≤ k<#(L)-1:L[k]>L[k+1])
procedure output(L:SearchingList);
Q:L ≠[];
enddef;
implement ADT SearchingList(sometype elem);
```

```
   type SearchingList=list(elem);
   ......
```

endimp.

下面，我们根据 SearchingList 的系列分裂函数的规约，直接给出它们的实现:

```
function divide1(L:SearchingList):integer;
begin
   divide1:=(L.h+L.t)/2;
end;
function divide2(L:SearchingList):integer;
begin
   divide2:=L.t;
end;
function divide3(L:SearchingList):integer;
begin
   divide3:=L.t-1;
end;
function divide4(L:SearchingList):integer;
begin
   divide4:=L.h;
end;
function divide5(L:SearchingList):integer;
begin
   divide5:=L.h+1;
end;
function divide6(L:SearchingList):integer;
begin
   divide6:=L.h+((L.t-L.h+1)/3);
end;
function divide7(L:SearchingList):integer;
begin
   divide7:=((L.h+L.t)/2)+1;
end;
```

6.5.2　类型构件 Hash

散列表是根据关键码值而直接进行访问的数据结构, 其目的主要是用于快速查找. 散列函数和处理地址冲突的方法是散列表的核心问题, 也是影响散列表查找效率高低的关键因素.

散列函数的种类繁多, 其中常用的计算简单且效果较好的散列函数有直接定址法、数字分析法、平方取中法、折叠法、随机数法、除留余数法、基数转换法等. 处理地址冲突的方法也有很多, 其中两类最基本的方法是开放定址法和拉链法.

在 PAR 平台及预定义的 list 抽象数据类型基础上, 我们自定义并实现了带类型参数和操作参数的 Hash 类型, 它的两个类型变量 helem 和 lelem 分别表示散列表元素类型及输入元素的类型, 两个函数参数 hashfunc 和 dealconf 分别表示散列函数和处理地址冲突的函数, 整型参数 m 表示散列表的长度. 其中, 散列函数参数 hashfunc(*h*:Hash; *x*:lelem)返回整型值, 表示元素 *x* 在散列表 *h* 中的存放地址; 处理冲突的函数参数 dealconf(*h*:Hash; *i*:integer; var *s*:list(integer,2))使用一个二元序列的变量参数 *s* 来返回发生冲突时探测的新地址, 而函数本身则返回该新地址处的元素值.

该 Hash 类型所封装的函数 createhash 用于构造散列表, insert 插入给定元素到散列表中并使得结果仍为散列表, delete 返回删除给定元素后的散列表, search 的功能是在散列表中查找给定元素并返回布尔类型的结果.

该泛型 Hash 类型详列如下:

```
define ADT Hash(sometype helem,lelem;somefunc hashfu nc
(h:Hash;x:lelem):integer;somefunc dealconf(h:Hash;i:integer;
var s:list(integer,2)):lelem;m:integer);
    type Hash=private;
    function createhash(h:Hash;a:list(lelem)):Hash;
    function insert(h:Hash;x:lelem):Hash;
    function delete(h:Hash;x:lelem):Hash;
    function search(h:Hash;x:lelem):boolean;
enddef;
implement ADT Hash(sometype helem,lelem;somefunc hashfun
c(h:Hash;x:lelem):integer;somefunc  dealconf(h:Hash;i:inte
ger;var s:list(integer,2)):lelem;m:integer);
    type Hash=list(helem,m);
    function createhash(h:Hash;a:list(lelem)):Hash;
```

```
  var i:integer;
  begin
    i:=0;
    if (a=[])→h:=[];
       (#a>m)→write("create fail!");h:=[];
          []→ do(i<#a)→ h,i:=insert(h,a[i]),i+1;od;
    fi;
    createhash:=h;
  end;
  function insert(h:Hash;x:lelem):Hash;
  var i:integer;
      s:list(integer,2);
      val:lelem;
  begin
    i,s:=0,[hashfunc(h,x)];
    do(i<m ∧dealconf(h,i,s)≠x ∧dealconf(h,i,s)≠0∧dealcon
f(h,i,s)≠-1)→
        i:=i+1;
    od;
    val:=dealconf(h,i,s);
    if(val=0∨val=-1)→
              if(#s=2)→ h[s[s.h],s[s.t]]:=x;
                  []→ h[s[s.h]]:=x;
              fi;
              val≠x → write("hash table is full!");
    fi;
    insert:=h;
  end;
  function delete(h:Hash;x:lelem):Hash;
  var i:integer;
      s:list(integer,2);
  begin
    i,s:=0,[hashfunc(h,x)];
    do(i<m ∧dealconf(h,i,s) ≠x ∧dealconf(h,i,s) ≠0) →
      i:=i+1;
```

```
            od;
    if (dealconf(h,i,s) =x) →
                    if (#s=2) → h[s[s.h],s[s.t]]:=-1;
                           [] → h[s[s.h]]:=-1;
                    fi;
        fi;
end;
function search(h:Hash;x:lelem):boolean;
var i:integer;
    s:list(integer,2);
    p:boolean;
begin
    i,s,p:=0,[hashfunc(x)],false;
    do (i<m∧¬p∧ dealconf(h,i,s)≠0)→
            if(dealconf(h,i,s)=x)→ p:=true;fi;
            i:=i+1;
    od;
    search:=p;
    end;
endimp.
```

用户提供具体的 Hash 表元素类型、输入元素的类型、Hash 函数和解决表冲突的方法, 就可以实例化上面自定义的泛型抽象数据类型来得到一个具体的 Hash 表类型, 然后基于具体类型的 Hash 表实施 Hash 查找.

6.5.3　算法构件 UnorderSearch

根据 Specification 6.2, 将原问题记为 $p(a, 0, n-1)$, 求解时将它分划成 2 个子问题, 通过子问题的求解来达到对原问题求解的目的, 这可表示为: $p(a, 0, n-1)$ $\equiv F(p(a, 0, s-1), p(a, s+1, n-1))$, 一般情况下有: $p(a, i, j) \equiv F(p(a, i, s-1), p(a, s+1, j))$, 其中 $0 < s < n-1$. 变量 s 为输入序列的分裂点, 由下列规约 Specification 6.7 给出的函数 divide 确定:

Specification 6.7: divide
```
|[in a:SearchingList;out divide:integer]|
AQ6.7:a≠[];
AR6.7:a.h⩽divide⩽a.t;
```

将 divide 问题记为 divide(a)，则 s = divide (a[0: $n-1$])，下面我们通过规约变换来寻找递推关系 F：

$p(a, i, j) \equiv (\exists k: i \leqslant k \leqslant j: a[k] = \text{key})$
$\equiv \{\text{ST 2.2, 范围分裂}\}$

$(\exists k: i \leqslant k \leqslant s-1: a[k]=\text{key}) \vee (\exists k: k = s: a[k] = \text{key}) \vee (\exists k: s+1 \leqslant k \leqslant j: a[k] = \text{key})$
$\equiv \{\text{ST 3, 单点范围分裂}\}$

$(\exists k: i \leqslant k \leqslant s-1: a[k] = \text{key}) \vee a[s] = \text{key} \vee (\exists k: s+1 \leqslant k \leqslant j: a[k] = \text{key})$
$\equiv \{\text{ST 5, 使用 } p \text{ 定义}\}$

$p(a, i, s-1) \vee a[s] = \text{key} \vee p(a, s+1, j)$
因此，得到关于问题 $p(a, i, j)$ 的递推关系：

$$p(a, i, j) \equiv p(a, i, s-1) \vee a[s] = \text{key} \vee p(a, s+1, j), \quad 0 \leqslant i \leqslant j \leqslant n-1. \quad (6.3)$$

基于上式，我们可以得到下列泛型 Radl 算法：

```
Algorithm:UnorderSearch;
|[a:SearchingList;i,j,s,key:integer;somefunc    divide:
integer]|
{AQ6.2∧AR6.2}
Begin:i=0;j=n-1;s=divide(a);
Termination:i>jva[s]=key
Recur:p(a,i,j)≡p(a,i,s-1)va[s]=keyvp(a,s+1,j)
End.
```

基于 Radl 算法，可以直接得到下列求解无序查找问题的递归 Apla 抽象子程序：

```
function UnorderSearch(somefunc divide(b:SearchingLis t):
integer;a:SearchingList;left,right,key:integer):bo olean;
  var s:integer;
begin
    UnorderSearch:=false;
    if(left=right)→UnorderSearch:=(a[s]=key);
    [](left<right)→s:=divide(a[left:right]);
                if(UnorderSearch(a,left,s-1,key))→Uno
rderSearch:=true;
            [] (a[s]=key) →UnorderSearch:=true;
```

```
                    [](UnorderSearch(a,s+1,right,ke
y))→UnorderSearch:=true;
                    fi;
    fi;
end;
```

该泛型构件使用分划函数 divide 作为参数, 通过开发具体的满足 Specification 6.7 约束的问题分划函数对其实例化, 可以生成系列无序查找问题的算法程序.

6.5.4　算法构件 OrderSearch

根据 Specification 6.3, 将原问题记为 $p(a, 0, n-1)$, 并使用 Specification 6.7 所规约的 divide 函数将它分划成 2 个子问题, 即 $s =$ divide (i, j), 则 $p(a, i, j)$ 问题分划表示为 $p(a, i, j) \equiv F(p(a, i, s-1), p(a, s+1, j))$.

根据 AQ 6.3, 有 $(\forall i: 0 \leqslant i < n-1: a[i] \leqslant a[i+1])$, 故若 $a[s] \neq$ key, 可以进一步利用两者之间的大小关系, 舍弃式(6.3)中的一个子问题. 我们可再变换如下:

如果 $a[s] >$ key, 则 $a[s+1:j]$ 段中所有元素均大于 key, 因此有 $a[s]=$ key $\vee p(a, s+1, j) \equiv$ false, 根据式(6.3)有 $p(a, i, j) \equiv p(a, i, s-1)$.

若 $a[s] <$ key, 则 $a[i: s-1]$ 段中所有元素均小于 key, 因此有 $p(a, i, s-1) \vee a[s]=$ key $\equiv$ false, 由式(6.3)有 $p(a, i, j) \equiv p(a, s+1, j)$.

根据上述分析, 我们可以得到

$$p(a, i, j) = \begin{cases} \text{true}, & a[s] = \text{key} \\ p(a, i, s-1), & a[s] > \text{key} \\ p(a, s+1, j), & a[s] < \text{key} \end{cases} \tag{6.4}$$

基于式(6.4)所揭露的算法思想, 将分划函数定义为参数, 得到如下有序查找问题的泛型 Radl 算法:

```
Algorithm:OrderSearch;
|[a:SearchingList;i,j,s,key:integer;somefunc divide:
integer]|
  {AQ6.3∧AR6.3}
  Begin:i=0;j=n-1;s=divide (a);
  Termination:i>j ∨ a[s] =key
  Recur:
```

$$p(a,j,j) = \begin{cases} \text{true,} & a[s]=key \\ p(a,j,s-1), & a[s]>key \\ p(a,s+1,j), & a[s]<key \end{cases}$$

End.

根据 Radl 算法，可将有序查找问题的 Apla 抽象程序实现如下：

```
function OrderSearch(somefunc divide(b:SearchingList):
integer;a:SearchingList;left,right,key:integer):boolean;
    var s:integer;p:boolean;
begin
    p:=false;
    do(left≤right)∧(¬p)→
        if(left=right)→ p:=(a[s]=key);
        [](left<right)→s:=divide(a[left:right]);
            if(a[s]=key)→p:=true;
            [](a[s]>key)→right:=s-1;
            [](a[s]<key)→left:=s+1;
            fi;
        fi;
    od;
     OrderSearch:=p;
end;
```

通过开发具体的问题分划函数对该泛型构件实例化，可以生成系列有序查找问题的算法程序，它们均将原问题分划成两个子问题进行求解. 同样地，使用实际参数来实例化 Ordersearch 子程序时，必须满足 Specification 6.7 的约束.

6.6　本　章　小　结

抽象是对付复杂性的有效方法. 本章基于定理 6.3，借助领域工程的概念和方法，对排序类算法和查找类算法进行分析和抽象，得到共性和可变性描述，将算法间的差异性，如问题分划方式、子解的组合等，作为泛型构件的参数来定义泛型算法构件，并使用前后置断言描述参数的性质和行为，而将使用到的数据类型以及基本操作抽象成泛型类型构件，建立了约束条件下由类型构件实例化算法构件生成算法程序的模型，有效支持领域算法程序生成. 在排序算法域，确定并通过

PAR 实现了带分划和归并两个函数参数的泛型算法构件 DBPSort, 带一个分划函数参数的泛型算法构件 UBPSort, 实现增量排序的泛型算法构件 HSort, 带类型参数的泛型 SortingList 类型构件, 以及带类型参数的泛型 Heap 类型构件. 在查找算法域, 确定了带分划函数参数的两个泛型算法构件 UnorderSearch 和 OrderSearch、两个泛型类型构件 SearchingList 以及 Hash, 并通过形式化方法给出了它们的 Apla 实现.

　　在得到 Apla 描述的构件后, 容易使用 PAR 平台将其变换成 Java、C++等可执行语言级构件, 从而建立高可靠领域构件库. 使用 Apla 提供的泛型实例化机制组合这些构件, 以参数替换的方式可自动生成相应领域的问题求解算法程序, 这将算法开发中的创造性劳动最大限度地转换成机械劳动, 大幅度提高了算法程序的设计效率和可靠性.

　　接下来将使用本章的结果为置换问题和查找问题产生系列具体的求解算法程序, 并在 Apla-Java 程序生成系统中给予自动化支持.

第7章 置换算法程序生成

前文讨论了PAR形式化开发算法的过程和规律, 提出了基于PAR的算法形式化开发法则、策略和方法, 并针对置换算法领域, 提出并实现了算法构件和类型构件. 本章将用前面的研究结果来为置换问题生成系列具体的算法程序, 这不仅可以提高算法程序的可靠性和设计效率, 而且通过揭示算法设计的决策清晰表达了算法怎样完成给定的任务, 获得很好的可读性和可维护性.

7.1 荷兰国旗问题

荷兰国旗问题[33]是一个相对简单的置换问题, 是指有一个仅由红、白、蓝这三种颜色组成的条块序列, 设计一个算法, 使得这些条块按红、白、蓝的顺序排列成荷兰国旗图案. 它最早由 E.W.Dijkstra 提出, 要求不能通过颜色计数后赋值来完成颜色分类, 求解该问题的技术在另一类特殊的置换问题——排序中也得到应用. 我们可将它描述为: 给定由 0, 1, 2 组成的整型序列 $a[0:n-1]$, 将它排序成 3 个数组段, 使得第一段中的元素值均为 0, 第二段中的元素值均为 1, 第三段中的元素值均为 2.

7.1.1 平衡分划求解

(1) 首先, 我们为该问题构造一个如下的形式化算法规约:

```
|[in  n:integer;out  a[0:n-1]:list  of{0,1,2};aux  b[0:
n-1]:list of integer]|
```
AQ:$n \geqslant 0 \wedge (\forall i:0 \leqslant i<n:a[i]=0 \vee a[i]=1 \vee a[i]=2) \wedge a=b$;

AR:dnf$\equiv (\forall i:0 \leqslant i<r:a[i]=0) \wedge (\forall i:r \leqslant i<w:a[i]=1) \wedge (\forall i:w \leqslant i<n:a[i]=2) \wedge perm(a,b) \wedge 0 \leqslant r \leqslant w \leqslant n$;

标识符说明部分定义 a 为 0, 1, 2 组成的序列, b 为整型序列.

perm(a, b)表示两个大小相等的序列 a 和 b 互为置换. 由于这个属性具备传递性和对称性, 序列 a 中元素的互相交换总能保持 a 是 b 的置换, 因此在接下来的算法开发步骤中, 我们没有明显地标出 perm(a, b)对 a 的约束.

(2) 将原问题记为 dnf(r, w), 我们发现直接对其分划子问题, 难以找到求解递推关系, 并不可行. 因此考虑增加一个自变量 m, 用函数 $f(r, w, m)$ 来表示段 $a[0: r-1]$ 中均为 0, $a[r: w-1]$ 中均为 1, $a[m: n-1]$ 中均为 2, 而 $a[w: m-1]$ 中为混合值的状态, 即

$f(r, w, m) \equiv (\forall i: 0 \leqslant i < r: a[i] = 0) \wedge (\forall i: r \leqslant i < w: a[i] = 1) \wedge (\forall i: w \leqslant i < m: a[i] = 0 \vee a[i] = 1 \vee a[i] = 2) \wedge (\forall i: m \leqslant i < n : a[i] = 2), 0 \leqslant r \leqslant w \leqslant m \leqslant n.$

在此基础上, $\mathrm{dnf}(r, w)$ 可定义为: $\mathrm{dnf}(r, w) \equiv f(r, w, m) \wedge m = w \wedge \mathrm{perm}(a, b).$

混合值区域的大小为问题的规模, 将 $f(r, w, m)$ 平衡分划成三个子问题: $f(r, w, m) \equiv F(f(r, w+1, m), f(r, w, m-1), f(r+1, w+1, m)), 0 \leqslant r \leqslant w \leqslant m \leqslant n.$

(3) 构造递推关系. 接下来, 我们着重刻画 $f(r,w,m)$ 的求解递推关系.

$f(r, w, m) \equiv$ {ST 2.1, 范围分裂}

$\equiv (\forall i: 0 \leqslant i < r: a[i] = 0) \wedge (\forall i: r \leqslant i < w: a[i] = 1) \wedge (\forall i: w < i < m : a[i] = 0 \vee a[i] = 1 \vee a[i] = 2) \wedge (\forall i: i = w: a[i] = 0 \vee a[i] = 1 \vee a[i] = 2) \wedge (\forall i: m \leqslant i < n : a[i] = 2)$

$\equiv$ {ST 3, 单点范围}

$(\forall i: 0 \leqslant i < r: a[i] = 0) \wedge (\forall i: r \leqslant i < w: a[i] = 1) \wedge (\forall i: w+1 \leqslant i < m : a[i] = 0 \vee a[i] = 1 \vee a[i] = 2) \wedge (a[w] = 0 \vee a[w] = 1 \vee a[w] = 2) \wedge (\forall i: m \leqslant i < n : a[i] = 2)$

$\equiv$ {ST 4, $\wedge$ 对 $\vee$ 的分配律}

$(\forall i: 0 \leqslant i < r: a[i] = 0) \wedge (\forall i: r \leqslant i < w: a[i] = 1) \wedge (\forall i: w+1 \leqslant i < m : a[i] = 0 \vee a[i] = 1 \vee a[i] = 2) \wedge a[w] = 0 \wedge (\forall i: m \leqslant i < n : a[i] = 2)$

$\vee (\forall i: 0 \leqslant i < r: a[i] = 0) \wedge (\forall i: r \leqslant i < w: a[i] = 1) \wedge (\forall i: w+1 \leqslant i < m : a[i] = 0 \vee a[i] = 1 \vee a[i] = 2) \wedge a[w] = 1 \wedge (\forall i: m \leqslant i < n : a[i] = 2)$

$\vee (\forall i: 0 \leqslant i < r: a[i] = 0) \wedge (\forall i: r \leqslant i < w: a[i] = 1) \wedge (\forall i: w+1 \leqslant i < m : a[i] = 0 \vee a[i] = 1 \vee a[i] = 2) \wedge a[w] = 2 \wedge (\forall i: m \leqslant i < n : a[i] = 2)$

$<= \{$ ST 5, 使用定义$\}$

$(a[w] = 0 \wedge \mathrm{swap}(r, w) \rightarrow f(r+1, w+1, m)) \vee (a[w] = 1 \rightarrow f(r, w+1, m)) \vee (a[w] = 2 \wedge \mathrm{swap}(w, m-1) \rightarrow f(r, w, m-1))$

因此, 我们得到递推关系:

$f(r, w, m) \equiv (a[w]=0 \wedge \mathrm{swap}(r, w) \rightarrow f(r+1, w+1, m)) \vee (a[w]=1 \rightarrow f(r, w+1, m)) \vee (a[w] = 2 \wedge \mathrm{swap}(w, m-1) \rightarrow f(r, w, m-1)), 0 \leqslant r \leqslant w \leqslant m \leqslant n.$

由算法生成法则 AG1, 得到相关变量和函数的类型声明; 由 AG2, 从分划知, $0 \leqslant r \leqslant w \leqslant m \leqslant n$, 从递推关系知每次 r 和 w 的值同时递增 1, 或仅 w 的值递增 1, 或 m 的值递减 1, 且到 $m = w$ 时结束; 由 AG3, $r = w = 0$, $m = n$ 根据 $\mathrm{longestLen}(a[0: m-1])$ 和 $\mathrm{length}(m-1)$ 的定义, 当 $m = 0$ 时, 有 $\mathrm{length}(m-1) = 1$, $\mathrm{longestLen}(a[0: m-1]) = 0$. 由 AG4, 我们得到如下 Radl 算法:

```
Algorithm:DutchNationalFlag;
|[a:array[0:n-1,{0,1,2}];r,w,m:integer]|
```

```
{AQ,AR}
Begin:r=w=0;m=n;
Termination:w=m;
Recur:f(r,w,m)≡(a[w]=0∧swap(r,w)→f(r+1,w+1,m))∨(a[w]=1
→ f(r,w+1,m))∨(a[w]=2∧swap(w,m-1)→f(r,w,m-1));
End.
```

(4) 生成循环不变式. 改变后置断言 dnf(r,w)中 m 和 w 的变化范围, 得到循环不变式: ρ: $f(r, w, m) \wedge$ perm(a, b) $\wedge 0 \leqslant r \leqslant w \leqslant m \leqslant n$, 将相关定义代入, 展开 ρ 得到

ρ: ($\forall i$: $0 \leqslant i < r$: $a[i]$=0) $\wedge$ ($\forall i$: $r \leqslant i < w$: $a[i]$=1) $\wedge$ ($\forall i$: $w \leqslant i < m$: $a[i] = 0 \vee a[i] = 1 \vee a[i] = 2$) $\wedge$ ($\forall i$: $m \leqslant i < n$: $a[i] = 2$) $\wedge$ perm(a,b) $\wedge 0 \leqslant r \leqslant w \leqslant m \leqslant n$.

从这个循环不变式可以看出程序的算法思想: 任何时刻序列 a 的状态都由已分好类的三段 $a[0: r-1]$, $a[r: w-1]$, $a[m: n-1]$和一混合段 $a[w: m-1]$组成, 且在整个分类过程中都没有更改序列 a 中元素的值.

(5) 代码生成. 由 Radl 算法和循环不变式, 归纳得到下列 Apla 抽象程序:

```
program DutchNationalFlag;
var a:array[0:n-1,{0,1,2}];r,w,m:integer;
begin
  r,w,m:=0,0,n;
  do w≠m→ if (a[w]=0)→ a[r],a[w]:=a[w],a[r];
                        r,w:=r+1,w+1;
          [] (a[w]=1)→ w:=w+1;
          [] (a[w]=2) → a[w],a[m-1]:=a[m-1],a[w];m:=m-1;
          fi;
  od;
end.
```

7.1.2　非平衡分划求解

将原问题记为 dnf(0, $n-1$, 3), 即对给定的 $a[0: n-1]$进行三种颜色的分类. 我们可以将它非平衡分划为: dnf(0, $n-1$, 3) $\equiv$ F(dnf(0, $w-1$, 2), ($\forall i$: $w \leqslant i < n$: $a[i]$=2)), $0 \leqslant w \leqslant n$, 这表示三种颜色的分类可在对两种颜色分类的基础上完成.

这里, 同样将 perm(a, b)视为可保持的约束. 由 dnf 的定义, 可以很容易得到下列结果:

dnf(0, $n-1$, 3) $\equiv$ ($\forall i$: $0 \leqslant i < r$: $a[i] = 0$) $\wedge$ ($\forall i$: $r \leqslant i < w$: $a[i] = 1$)$\wedge$ ($\forall i$: $w \leqslant i <$

$n : a[i] = 2)$

$\equiv$ {使用定义} $\mathrm{dnf}(0, w - 1, 2) \wedge (\forall i: w \leqslant i < \mathrm{n} : a[i] = 2)$

对于子问题 $\mathrm{dnf}(0, w - 1, 2)$, 可以直接利用 6.1.1 节的结果进行求解. 基于该分划的求解程序如下:

```
program DutchNationalFlag;
var a:array[0:n-1,{0,1,2}];r,w,m:integer;
begin
   r,w:=0,n;
   do r≠w→ if (a[r]=0)→ r:=r+1;
           [] → w:=w-1;a[r],a[w]:=a[w],a[r];
           fi;
   od;
   m:=n;
   do w≠m→ if(a[w]=1)→ w:=w+1;
           []→ m:=m-1;a[m],a[w]:=a[w],a[m];
           fi;
   od;
end.
```

7.1.3　算法分析和扩展

对于规模为 n 的荷兰国旗问题, 在序列 a 中值均为 2 的最坏情况下, 上述第一个算法的元素比较次数为 $3n$, 交换次数为 n, 第二个算法的元素比较次数为 $2n$, 交换次数为 $2n$; a 中值均为 0 的情况下, 第一个算法的比较次数为 n, 交换次数为 n, 第二个算法的比较次数为 n, 交换次数为 0; 三种值平均分布的情况下, 第一个算法的比较次数为 $2n$, 交换次数为 $2n/3$, 第二个算法的比较次数为 $2n - r$, 交换次数为 n, 这里 r 表示 a 中 0 的个数.

第二个算法具有可扩充性, 它求解的荷兰国旗问题实际上是对三种颜色进行分类的三色问题, 我们很容易将其扩展到求解 c 色问题, Apla 程序如下:

```
program DutchNationalFlag;
var a:array[0:n-1,{0,1,2}];c,r,w,i:integer;
begin
   read(c);
   r,i:=0,0;
   do i<c→ w:=n;
```

```
            do r≠w→ if(a[r]=i)→ r:=r+1;
                      []→ w:=w−1;a[r],a[w]:=a[w],a[r];
                      fi;
                od;
        i:=i+1;
    od;
end.
```

该算法程序的时间复杂度为 $O(cn)$. 显然, 当 $c=n$ 时, 这是一个对 $\{0, 1, 2, \cdots,$ $n-1\}$ 共 n 个数进行排序的 $O(n^2)$ 算法. 此问题中涉及的根据某种性质将输入分段的技术, 在排序问题中也得到应用, 常见的即快速排序, 它根据基准元的大小将输入分成两段.

7.2　基于 DBP 分划的排序算法

基于生成式程序设计的方法, 将类型构件和泛型算法构件 DBPSort 进行配置, 生成了 DBP 分划求解排序问题的算法程序.

7.2.1　归并排序

DBPSort 中包含 split 和 merge 函数参数, 相应的参数约束分别为 Specification 6.4 和 Specification 6.5, 显然, SortingList 中的 middlesplit 和 ordmerge 函数满足这两个规约, 体现了归并排序算法中分划和归并的思想, 因此, 可以直接使用该类型及操作来实例化 DBPSort, 得到具体的归并排序子过程 mergesort, 加上类型定义、变量定义、输入输出语句等程序要素, 调用 mergesort 进行排序的 Apla 算法程序示例如下:

```
program Mergesort;
ADT intSortingList:new SortingList(integer);
var intL:intSortingList;
procedure mergesort:new DBPSort(intL.middlesplit,intL.
ordmerge);
begin
    intL:=create();
    mergesort(intL,0,#(intL)−1);
    output(intL);
end.
```

其中, ADT intSortingList: new SortingList(integer)为实例化自定义泛型类型 SortingList 的语句, 得到一个具体的排序表中元素为整型的排序表类型 intSortingList. 接下来, 就可以使用 intSortingList 类型来定义变量.

procedure mergesort: new DBPSort(intL.middlesplit, intL.ordmerge)为实例化泛型子过程 DBPSort 的语句, 将两个函数参数分别实例化为 intL.middlesplit 和 intL.ordmerge 函数, 得到具体的归并排序子过程 mergesort. 程序体中, 首先创建排序表, 然后使用#(intL)求出排序表的元素个数并调用 mergesort, 最后将排序结果输出.

7.2.2　插入排序

使用 SortingList 的 rightsplit 和 ordmerge 操作实例化 DBPSort, 就可生成另一求解排序问题的算法, 即插入排序. 使用与上一节相同的类型定义和变量定义, 实例化得到插入排序子过程 insertsort 的语句如下所示:

procedure insertsort: new DBPSort(intL.rightsplit, intL.ordmerge);

该排序子过程在查找元素插入位置的方向上和传统的插入算法稍有不同. 当 $a[0{:}i-1]$有序、查找 $a[i]$的插入位置时, 传统做法是在 $a[0{:}i-1]$中从后往前比较, insertsort 则是从前往后地通过比较来确定 $a[i]$的插入位置.

7.2.3　二分插入排序

使用 SortingList 的 rightsplit 和 bininsert 实例化 DBPSort, 生成的 Apla 子过程即为二分插入排序, 实例化语句如下:

procedure binsort: new DBPSort(intL.rightsplit, intL.bininsert);

7.2.4　其他排序算法

使用 SortingList 的 leftsplit 和 ordmerge 这两个函数分别替换抽象程序 DBPSort 中的 split 和 merge 函数参数, 我们可以得到另一种插入排序. 另外, 使用函数 leftsplit 和 bininsert, 或者使用 thirdsplit 和 ordmerge, 分别实例化抽象程序 DBPSort, 又可以得到两种排序算法, 相应的 Apla 实例化语句如下:

procedure noname1: new DBPSort(intL.leftsplit, intL.ordmerge);

procedure noname2: new DBPSort(intL.leftsplit, intL.bininsert);

procedure noname3: new DBPSort(intL.thirdsplit, intL.ordmerge);

生成的 noname1 实际上是另一种插入排序, 通过从前往后地比较将 $a[i]$插入到有序段 $a[i+1{:}n]$中. noname2 为二分插入, 它将 $a[i]$二分插入到有序段 $a[i+1{:}n]$中, 而 binsort 将 $a[i]$二分插入到有序段 $a[0{:}i-1]$中. 显然, noname1 和 noname2 的算法复杂度分别与 insertsort 和 binsort 的相同.

noname3 将输入序列段在 1/3 处分裂成两个子序列, 分别排序后再将其归并成有序序列, 算法的时间复杂度函数 $T(n)$ 为: $T(n) = T(n/3) + T(2n/3) + O(n) \approx n\log_{3/2}n$.

7.3　基于 UBP 分划的排序算法

基于 SortingList 类型, 提供满足规约 Specification 6.6 的操作来实例化 UBPSort, 可以生成不同的具体排序算法.

7.3.1　快速排序

SortingList 中的 elempar 函数体现的正好是快速排序算法中分划的思想, 对 UBPSort 实例化后, 可以得到具体的快速排序子过程 quicksort, 加上变量定义、输入输出语句等程序要素, 使用 quicksort 进行排序的 Apla 算法程序如下:

```
program Quicksort;
ADT intSortingList:new SortingList(integer);
var intL:intSortingList;
procedure quicksort:new UBPSort(intL. elempar);
begin
    intL:=create();
    quicksort(intL,0,#(intL) − 1);
    output(intL);
end.
```

7.3.2　选择排序

使用 SortingList 中的 select 函数实例化 UBPSort, 可以得到选择最小元进行排序的选择排序. 如上一节, 定义了整型排序表变量 intL 后, 使用下面的实例化语句得到选择排序子过程 selectsort:

procedure selectsort: new UBPSort(intL. select);

7.3.3　冒泡排序

SortingList 中的 bubble 函数通过逐步扫描并交换较大元的方式将排序表段 $L[l:r]$ 中的最大元放置在该段尾, 体现了一趟冒泡的算法思想, 使用它实例化 UBPSort, 可以得到冒泡排序子过程 bubblesort:

procedure bubblesort: new UBPSort(intL. bubble);

7.3.4 堆排序

使用 SortingList 中的 heappar 来实例化 UBPSort 可得到具体的堆排序子过程 heapsort. 应用 heapsort 排序之前, 需要调用 buildheap 子过程建一个初始堆, Apla 程序如下所示:

```
program Heapsort;
ADT intSortingList:new SortingList(integer);
var intL:intSortingList;i:integer;
procedure heapsort:new UBPSort(intL.heappar);
begin
    intL:=create();
    i:=#(intL)/2;
    do i ⩾0→ buildheap(intL,i,n−1);i:=i−1;od;
    heapsort(intL,0,#(intL)−1);
    output(intL);
end.
```

7.4 其他类排序算法

7.4.1 H-增量排序

对泛型构件 HSort 进行不同的实例化, 可以生成不同的 H-增量排序算法.

7.4.1.1 经典 Shell 排序

经典 Shell 排序使用增量序列$\{n/2, n/4, \cdots, 1\}$来分组待排序序列, 并采用直接插入排序对组内元素排序, 这可以通过 SortingList 中的计算增量函数 geth2 和分组插入函数 hinsert 实例化 HSort 来生成:

```
program Shellsort;
ADT intSortingList:new SortingList(integer);
var intL:intSortingList;
procedure shellsort:new HSort(intL.geth2,intL. hinsert);
begin
```

```
intL:=create();
shellsort(intL);
output(intL);
```
end.

7.4.1.2　改进 Shell 排序

函数只要满足 HSort 中参数 geth 的规约, 就可以用来计算增量序列, 从而产生不同的 Shell 排序算法, 下面给出其中一种:

procedure shellsort1: new HSort(intL.geth22, intL. hinsert);

采用 Knuth 分组方法来获取增量序列, 可以生成相应的增量排序算法:

procedure shellsort2: new HSort(intL.knuthgeth, intL. hinsert);

显然, 基于 HSort 构件, 提供以其他方法来计算增量的函数, 还可以生成这里未列出的分组排序算法.

7.4.1.3　增量选择排序

前面的 Shell 排序算法均基于插入排序. 我们将 SortingList 中提供的分组选择函数 hselect 对 Hsort 进行实例化, 得到了如下一组基于选择排序的增量排序算法:

procedure selecthsort1: new HSort(intL.geth2, intL. hselect);

procedure selecthsort2: new HSort(intL.geth22, intL. hselect);

procedure selecthsort3: new HSort(intL. knuthgeth, intL. hselect);

这三个算法均根据增量计算函数提供的增量 h, 将待排序序列中等距离者放入一个小组, 并使用选择排序对同组元素排序. 下面, 我们仅对 selecthsort1 算法作简要的分析.

首先, 对于 SortingList 中 h-增量选择函数 hselect 的实现, 较之选择排序, 差别在于循环体中变量变化的步长为 h 而不是 1, 因此元素间的比较次数是一个有关 h 的函数 f:

$$f(h) = \frac{n-1}{h} + \frac{n-2}{h} + \cdots + \frac{n-1-(n-1-h)}{h} = \frac{(n-1)+(n-2)+\cdots+h}{h}$$

$$= \frac{(n-h)(n-1+h)}{2h} = \left(\frac{n^2-n}{2}\right)\frac{1}{h} - \frac{1}{2}h + \frac{1}{2}$$

增量计算函数 geth2 产生 h 递减序列 $\{n/2, n/4, \cdots, 1\}$, 因此 selecthsort1 算法的总比较次数 $T(n)$ 为

$$f\left(\frac{n}{2}\right) + f\left(\frac{n}{4}\right) + \cdots + f(1)$$

$$= \left(\frac{n^2 - n}{2}\right)\left(\frac{2}{n} + \frac{4}{n} + \cdots + 1\right) - \frac{1}{2}\left(\frac{n}{2} + \frac{n}{4} + \cdots + 1\right) + \frac{\log_2 n}{2}$$

$$= n^2 - \frac{5n - \log_2 n + 3}{2}$$

此外, 增量选择排序算法 selecthsort1 是不稳定的, 例如, 当 $n = 4$, 初始序列为 5, 5, 2, 6 时, 经过 selecthsort1 排序后, 前后两个 5 的位置将颠倒过来.

该算法是经形式化开发得到的算法构件 HSort 和类型构件 SortingList 满足泛型约束下的组合而产生的, 从而有效地保证了该算法的正确性. 我们通过 Apla-Java 程序生成系统自动生成了相应的 Java 程序, 经实际运行检测, 程序的运行结果与预期一致.

显然, 基于 HSort 构件, 提供以其他方法来计算增量的函数, 还可以生成这里未列出的分组排序算法.

7.4.2　双向选择排序

若将原问题分划成三个子问题进行求解, 则可得到其他的排序算法. 接下来的双向选择排序就是将原问题分划成三个预先无法确定的子问题, 通过求解子问题来求解原问题的. 我们将使用第 4 章给出的规约变换策略来构造递推关系, 进而由 Radl 算法生成法则得到算法, 最终产生 Apla 程序.

1. 问题分划

对该问题使用非平衡分划, 期望导致不同的求解算法:

$\mathrm{sort}(a, i, j) \equiv F(\mathrm{sort}(a, i + 1, j - 1), \mathrm{sort}(a, i, i), \mathrm{sort}(a, j, j)) \wedge 0 \leqslant i \leqslant j \leqslant n - 1.$

它将问题分划为 3 个大小不等的子问题, 其中两个子问题的规模为 1, 因此可改写为: $\mathrm{sort}(a, i, j) \equiv F(\mathrm{sort}(a, i + 1, j - 1), a[i], a[j]) \wedge 0 \leqslant i \leqslant j \leqslant n - 1.$

2. 构造递推关系

首先, 我们通过对 ord 谓词的变换来揭露求解 $\mathrm{sort}(a, i, j)$ 的递推关系.

$\mathrm{ord}(a[i:j]) \equiv (\forall k: i \leqslant k < j: a[k] \leqslant a[k + 1])$

$\equiv \{\mathrm{ST}\ 2.3\}$

$(\forall k: k = i: a[k] \leqslant a[k + 1]) \wedge (\forall k: i + 1 \leqslant k < j: a[k] \leqslant a[k + 1])$

$\equiv \{\mathrm{ST}\ 3\}$

$a[i] \leqslant a[i + 1] \wedge (\forall k: i + 1 \leqslant k < j: a[k] \leqslant a[k + 1])$

$\equiv \{\mathrm{ST}\ 2.3\}$

$a[i] \leqslant a[i+1] \land (\forall k: k=j-1: a[k] \leqslant a[k+1]) \land (\forall k: i+1 \leqslant k < j-1: a[k] \leqslant a[k+1])$

$\equiv$ {ST 3}

$a[i] \leqslant a[i+1] \land a[j-1] \leqslant a[j] \land (\forall k: i+1 \leqslant k < j-1: a[k] \leqslant a[k+1])$

$\equiv$ {ST 5}

$a[i] \leqslant a[i+1] \land a[j-1] \leqslant a[j] \land \mathrm{ord}(a[i+1:j-1])$

< = {ST6, 让 $\mathrm{Min}(a,i,j)$ 和 $\mathrm{Max}(a,i,j)$ 分别表示 $a[i:j]$ 的最小元和最大元, 则有 $a[i] = \mathrm{Min}(a, i, j) => a[i] \leqslant a[i+1]$, $a[j] = \mathrm{Max}(a, i, j) => a[j-1] \leqslant a[j]$ }

$a[i] = \mathrm{Min}(a, i, j) \land a[j] = \mathrm{Max}(a, i, j) \land \mathrm{ord}(a[i+1:j-1])$

将该结果代入 sort (a, i, j) 定义, 得到

Recurrence1

sort (a, i, j) < = $a[i] = \mathrm{Min}(a, i, j) \land a[j] = \mathrm{Max}(a, i, j) \land \mathrm{sort}(a, i+1, j-1)$, $0 \leqslant i \leqslant j \leqslant n-1$.

根据 ST 7.1, $a[i] = \mathrm{Min}(a, i, j)$ 和 $a[j] = \mathrm{Max}(a, i, j)$ 应该被当作两个新的问题来解, 这实际上就是同时求最大最小元的问题.

由于 Max 和 Min 的定义是对称的, 所以我们可以只考察 Max, 而 Min 的情况可类似处理. 用 $\mathrm{Max}(a, 0, n-1)$ 表示求 $a[0: n-1]$ 最大元的问题, 则其子问题可记为 $\mathrm{Max}(a, i, j) = (\mathrm{MAX}\ k: i \leqslant k \leqslant j: a[k])$, $0 \leqslant i \leqslant j < n$, 它表示求数组段 $a[i:j]$ 最大元.

在这里, 我们将其对等分划为

$\mathrm{Max}(a, i, j) = F(\mathrm{Max}(a, i, (i+j)/2), \mathrm{Max}(a, ((i+j)/2)+1, j))$, $0 \leqslant i \leqslant j < n$.

并根据分划, 寻找其递推关系:

$\mathrm{Max}(a, i, j) = (\mathrm{MAX}\ k: i \leqslant k \leqslant j: a[k])$
= {ST 2.1, 在 $(i+j)/2$ 处范围分裂}

$\max((\mathrm{MAX}\ k: i \leqslant k \leqslant (i+j)/2: a[k]), (\mathrm{MAX}\ k: ((i+j)/2)+1 \leqslant k \leqslant j: a[k]))$
= {ST 5, 使用 Max 的定义} $\max(\mathrm{Max}(a,i,(i+j)/2), \mathrm{Max}(a, ((i+j)/2)+1, j))$

由此得到递推关系:

$\mathrm{Max}(a, i, j) = \max(\mathrm{Max}(a, i, (i+j)/2), \mathrm{Max}(a, ((i+j)/2)+1, j))$, $0 \leqslant i \leqslant j < n$

类似地, 有 $\mathrm{Min}(a, i, j) \equiv \min(\mathrm{Min}(a, i, (i+j)/2), \mathrm{Min}(a, ((i+j)/2)+1, j))$, $0 \leqslant i \leqslant j < n$.

根据算法生成法则, 可生成如下 Radl 算法:

```
Algorithm:Biselectionsort;
|[a:SortingList;Max,Min,i,j:integer]|
{AQ∧AR}
Begin:i=0+ +1;j=n-1--1;
Termination:i=j;
Recur:
```

```
   sort(a,i,j)<=a[i]=Min(a,i,j)∧a[j]=Max(a,i,j)∧
sort(a,i+1,j-1),
   Max(a,i,j)≡max(Max(a,i,(i+j)/2),Max(a,((i+j)/2)+1,j)),
   Min(a,i,j)≡min(Min(a,i,(i+j)/2),Min(a,((i+j)/2)+1,j))
End.
```

3. 开发循环不变式

由 LIS3.2, 让变量 mi 和 ma 分别存放 $a[i:j]$ 中最小元和最大元的下标, 则可机械得到循环不变式:

ρ: sort($a, 0$, mi)∧sort(a, ma, $n-1$)∧a[ma] = Max(a, i, j)∧a[mi] = Min(a, i, j)∧$0 \leqslant i \leqslant j \leqslant n-1$, 将相关定义代入, 展开 ρ 得到

$(\forall k: 0 \leqslant k < $ mi: $a[k] \leqslant a[k+1])∧(\forall k: $ ma $\leqslant k < n-1: a[k] \leqslant a[k+1])∧a$[ma]= Max($a, i, j$)∧$a$[mi] = Min($a, i, j$)∧$0 \leqslant i \leqslant j \leqslant n-1$

从这个循环不变式可以看出程序的算法思想: 从序列的两端同时进行选择排序, 任何时刻序列 a 的状态由三部分组成——两端的已排序部分和中间的待排序部分.

另外, 为了得到一个非递归的求最大最小元的算法程序, 下面将使用 LIS3.2 策略来构造其循环不变式, 从而进一步得到效率较高的非递归算法程序.

我们可引进一个整型变量 ma 以及两个序列变量 q 和 S. 将每个子问题表示成有序对($i: j$)的形式, ($i: j$)确定了最大最小元的查找范围, 并将它看成一个长度为 2 的序列[i,j]. ma 用于存放当前子问题($i: j$)的最大元在序列中的位置, 即 a[ma]= Max(a, i, j); q 序列长度为 2, 用于存放当前正准备解决的子问题范围, 则该子问题表示为 max($a[q[h]], a[q[t]]$), 简记为 Max(q); S 用于存放没有解决而尚待解决的子问题, 其内容由如下的 F 函数递归给出:

(1) $F([]) = []$; (2) $F(q↑S) = $ max (Max (q), $F(S)$).

则 ma, q 及 S 满足等式: Max($a,0,n-1$) = max(a[ma], max(Max(q), F(S))), 为简便起见, 将其记为: Max($a, 0, n-1$) = max(a[ma], Max(q), $F(S)$); 类似地, 对于求最小元, 我们引进整型变量 mi, 有 a[mi] = Min(a, i, j), 且把 min($a[q[h]], a[q[t]]$)简记为 Min(q), 则有: Min($a, 0, n-1$) = min (a[mi], Min (q), $F(S)$); 从而 ma, mi, q 及 S 满足下式, 构成所需的循环不变式:

ρ1: Max($a, 0, n-1$) = max(a[ma], Max(q), F(S))∧Min($a, 0, n-1$) = min(a[mi], Min(q), $F(S)$)

4. 代码生成

基于递推关系和循环不变式, 我们可以导出非递归求最大元最小元的 Apla 程

序, 它实现为一个子过程 MaxMin, 其中用两个变参 ma 和 mi 分别返回最大元和最小元的下标.

```
program Biselectionsort;
const n=10;
var i,j,ma,mi:integer;a:SortingList;
procedure MaxMin(a:SortingList;l,r:integer;var ma,mi:
integer);
var q:list(integer,2);S:list(list(integer,2),50);
begin
    q,S:=[l,r],[ ];
    do(q≠[]∧(q[t]-q[h])⩾2)→q[t],S:=(q[h]+q[t])/2,[[((q[h
]+q[t])/2)+1,q[t]]]↑S;
      [](q≠[]∧(q[t]-q[h]) <2)→
              if(a[q[h]]>a[q[t]]) → if(a[q[h]]>a[ma]) →
ma=q[h];
      [](a[q[t]]<a[m i])→mi=q[t];
                                      fi;
      [](a[q[h]]⩽a[q[t]])→if(a[q[t]]>a[ma]) →ma=q[t];
      []  (a[q[h]]<a[mi])→ mi=q[h];
                                  fi;
              fi;
          q:=[];
          [](q=[]∧S≠[])→ q,S:=S[h],S[h+1..t];
      od;
  end;
begin
  read(a);
  i,j:=0,n-1;
  do (i ≠ j)→ ma,mi:=j,i;
     MaxMin(a,i+1,j,ma,mi);
     a[i],a[mi],a[j],a[ma]:=a[mi],a[i],a[ma],a[j];
     i,j:=i+1,j-1;
     od;
end.
```

上述算法中, MaxMin(a, 0, m, ma, mi)的时间复杂度 $T(m) = (3m/2) - 2$, 因此程序体中循环体的时间复杂度是$(3(n - 2*i)/2) - 2$, 整个算法的时间复杂度函数 $T(n)$为

$$\sum_{i=1}^{n/2-1}\left(\frac{3(n-2i)}{2}-2\right) = \sum_{i=1}^{n/2-1}\left(\frac{3n}{2}-2\right) - \sum_{i=1}^{n/2-1}3*i$$

$$=\left(\frac{n}{2}-1\right)\left(\frac{3n}{2}-2\right)-3\left(\frac{n(n-2)}{8}\right) = \frac{3n^2-14n}{8}+2$$

显然, 它比起那些同处于 $O(n^2)$级的算法, 如选择排序、插入排序、冒泡排序等, 效率略高一些.

这是一个新的算法, 其设计思想完全来自算法开发法则和策略指导的机械化推导, 其他现存的研究仍不具备这种推导新算法的能力. 我们将该算法命名为双向选择排序. 对于目前的排序算法, 大 O 性能已经确定, 阶的改进已不太可能, 我们可以着重于降低其主项的常量因子, 以此达到面向效率的设计. 该实例给了我们这方面的信心.

7.5　系　统　支　持

Apla-Java 程序生成系统的目标是将 Apla 语言描述的程序自动转换成 Java 程序, 它由转换器和构件库组成, 目前支持自定义 ADT、泛型程序设计等机制. 我们对其进行了扩充, 以支持基于排序和查找领域算法生成模型的特定算法生成.

首先将用形式化方法开发的排序算法领域的 Apla 构件, 经 Apla-Java 程序生成系统转换为 Java 构件, 由此以自扩展的方式先行建立一个称为sortinglib 的排序算法领域构件库.

在转换器部分, 扩充对新类型的识别以及对泛型构件的识别, 并支持用以组合基本构件的泛型实例化语句以及实例化后所得子程序的运行, 使得在后台 sortinglib 构件库的支持下, 通过书写抽象简洁的 Apla 语句就可以自动生成一个排序算法, 从而简化了用户的工作量, 显著提高了算法的开发效率和可靠性.

在平台的支持下, 我们自动生成了上述基于模型的各种特定排序算法的 Java 程序, 经实际运行检测, 程序的运行结果均与预期相符.

7.6　本章小结

7.1 节给出了荷兰国旗问题的形式化描述, 并分别使用平衡分划和非平衡分划两种方式对其进行了求解, 后者得到的算法可进一步扩展以求解 $c(c \geqslant 3)$ 色分类问题.

7.2 节将 SortingList 类型构件和 DBPSort 算法构件进行组合, 用 SortingList 中分别满足 Specification 6.4 和 Specification 6.5 的分裂函数和归并函数实例化 DBPSort, 来生成不同的排序算法. 从生成的结果可以看出来, mergesort, insertsort 和 binsort 算法在总体上是一样的, 只是它们做归并的方法不一样: mergesort 将两个有序子段进行合并时, 采用另外一个 $O(n)$ 辅助空间保存归并结果, 避免了在原序列上的元素间的交换移动; insertsort 将一个已排序序列和单一元素进行合并, 合并时, 直接到已排序序列中顺序查找合适的位置插入, 使结果仍有序; binsort 也是将一个已排序序列和单一元素进行合并, 只是合并时寻找插入位置的方法不一样, 它采用二分法查找插入位置. 7.2.4 小节给出了实例化 DBPSort 产生的另外三个排序算法.

7.3 节在满足 Specification 6.6 的约束下实例化 UBPSort, 将 SortingList 中的多个划分函数替换 UBPSort 中的参数, 生成了系列基于 UBP 分划的排序算法, 体现了先分划再分别排序子段的算法思想. 通过算法的生成过程, 我们也可以发现这些算法间的关系: 若 quciksort 每次都是不对称划分——把序列 $a[0:i]$ 分成长度为 1 和长度为 $i-1$ 的两部分, 它就退化成了 selectsort 或 bubblesort; bubblesort 和 maxheapsort 有类似性, 只是前者中的最大元是线性上升而堆中的是非线性上升.

7.4 节通过 SoringList 来实例化 HSort, 生成了一组已知和未知的增量排序算法, 并且从公共排序规约 Specification 6.1 出发, 应用非平衡分划, 将问题分划成三个预先无法确定的子问题, 在算法开发法则和策略指导下机械推导出一个称为双向选择排序的新算法.

通过应用算法形式化开发法则、策略以及 SortingList, DBPSort, UBPSort, HSort 等构件, 我们或形式化推导, 或自动生成了系列排序算法, 并且还存在着开发除本书所列之外其他算法的可能, 揭示出异于传统的排序算法分类: 传统分类根据操作特征, 将排序算法划分成插入、选择、交换和归并四类, 而我们根据问题求解时子问题分划的不同将它们分成了两类: 可预先确定的子问题和预先无法确定的子问题.

我们使用 PAR 和相应的算法形式化开发策略来形式化设计和生成泛型类型构件及算法构件, 并得到其中泛型参数的约束. 由此, 使用满足泛型参数约束的形式化开发的子程序, 来替换经形式化推导得到的泛型算法中的参数, 并在扩充的 Apla-Java 程序生成系统支持下, 生成特定的排序算法程序, 可以保证所生成算法程序的正确性.

第 8 章　查找算法程序生成

本章基于 SearchingList, UnorderSearch 和 Ordersearch 等构件, 为查找问题生成了系列具体的算法程序.

8.1　无　序　查　找

8.1.1　递归查找

泛型构件 UnorderSearch 中包含一个规约为 Specification 6.7 的函数参数 divide, 这可以被 SearchingList 构件中满足该规约的相应函数替换, 从而产生具体的求解算法.

这里, 使用 SearchingList. divide1 实例化 UnorderSearch, 可产生具体的递归查找函数 rsearch, 包含对 rsearch 函数调用语句的 Apla 程序如下所示:

```
program rSearch;
ADT intSearchingList:new SearchingList(integer);
var intL:intSearchingList;key:integer;p:boolean;
function rsearch:new UnorderSearch (intL.divide1);
begin
    intL:=create();
    read(key);
    p:=rsearch (intL,0,#(intL) −1,key);
    write(p);
end.
```

其中, function rsearch: new UnorderSearch (intL.divide1)为实例化语句, 将函数参数实例化为 SearchingList.divide1, 得到具体的查找函数 rsearch. 待查找元素 key 及 intL 均在程序运行的时候获得, 调用 rsearch 后, 通过 write 语句将查找结果 p 输出.

另外, 若 p 为 true, 即 key 存在于序列中, 则 $i-1$ 就是 key 出现的具体位置.

8.1.2　线性查找

SearchingList.divide2 函数满足 Specification 6.7, 它始终返回问题的右边界作

为分裂的位置, 这揭露了线性查找的算法思想, 用它替换 UnorderSearch 程序中的函数参数, 可以生成线性查找算法程序, 实例化语句为

function linearsearch: new UnorderSearch (intL.divide2);

8.1.3　散列表查找

基于泛型构件 Hash, 提供特定的散列函数和处理冲突的函数, 可以获得散列表查找算法.

1. 开放定址法

我们提供用除余法构造的散列函数 hfunc 以及使用线性探查的开放定址法处理冲突的函数 dconf, 就可以实例化泛型抽象数据类型 Hash 而得到具体的散列表类型, 从而进行 Hash 查找, Apla 程序如下:

```
program opHashSearch;
const n=10;
ADT intOpHash:new Hash(integer,integer,hfunc,dconf,n);
var a:list(integer);
    h:intOpHash;
    x:integer;
    p:boolean;
function hfunc(h:intOpHash;x:integer):integer;
begin
    hfunc:=x%n;
end;
function dconf(h:intOpHash;i:integer;var s:list(integer,
2)):integer;
begin
    s:=[(s[s.h]+i)%n];
    dconf:=h[s[s.h]];
end;
begin
    read(a);
    read(x);
    h:=createhash(h,a);
    p:=search(h,x);
```

```
    write(p);
end.
```

其中, ADT intOpHash: **new** hash(integer, integer, hfunc, dconf, *n*)为实例化语句,
将自定义泛型抽象数据类型 Hash 的类型参数 helem, lelem 和函数参数 hashfunc,
dealconf分别实例化为 integer, integer、散列函数 hfunc 和处理冲突的函数 dconf, 得
到一个实例化的表中元素为整型、输入元素为整型的散列表类型 intOpHash. 接下
来, 就可以使用 intOpHash 类型来定义散列表变量 *h*, 使用输入序列 *a* 的值构造出
h, 并基于 *h* 来查找特定元素.

2. 拉链法

这里, 仍以除余法构造散列函数 hfunc, 但将散列表的元素类型实例化为一个
整型序列, 即散列表变成一个二维序列类型, 处理地址冲突的方法也相应地做出
修改, 则基于实例化后得到的散列表类型进行查找, 实际上就是拉链法处理地址
冲突的散列表查找, 相应的 Apla 程序如下:

```
program lkHashSearch;
const n=10;
ADT intLkHash:new Hash(list(integer,n),integer,hfunc,
dconf,n);
    var a:list(integer);
        h:intLkHash;
        x:integer;
        p:boolean;
    function hfunc(h:intLkHash;x:integer):integer;
    begin
        hfunc:=x%n;
    end;
    function dconf(h:intLkHash;i:integer;var s:list(intege r,2)
):integer;
    begin
        s[s.t]:=[i];
        dconf:=h[s[s.h],s[s.t]];
    end;
    begin
        read(a);
```

```
            read(x);
            h:=createhash(h,a);
            p:=search(h,x);
            write(p);
        end.
```

这里, ADT intLkHash: new Hash(list(integer,n), integer, hfunc, dconf, n)为实例化自定义泛型抽象数据类型 Hash 的语句, 得到一个拉链法处理地址冲突的整型散列表类型 intLkHash. 然后, 使用 intLkHash 类型定义散列表变量 h, 并基于 h 来查找特定元素 x.

8.1.4　其他查找算法

使用 SearchingList 中满足 Specification 6.7 的其他函数实例化 UnorderSearch, 还可以生成多种无序序列的关键字查找算法, 列举如下:

function noname1: new UnorderSearch (intL.divide3);

function noname2: new UnorderSearch (intL.divide4);

function noname3: new UnorderSearch (intL.divide5);

function noname4: new UnorderSearch (intL.divide6);

function noname5: new UnorderSearch (intL.divide7);

这里, noname1, noname2 和 noname3 的算法效率和线性查找算法 linearsearch 的效率近似, noname4 的算法时间复杂性为 $\log_{3/2}n$, 其效率略低于在中点分裂的 rsearch 查找算法, noname5 的效率和 rsearch 接近.

8.2　有　序　查　找

8.2.1　有序线性查找

对于有序序列的查找, 若在原问题的右边界处分划出子问题, 即分划函数为 SearchingList.divide2, 则揭示了另一种有序线性查找算法的思想, 它与 Knuth 在文献[16]中给出的一种在有序表中顺序查找的算法类似, 不同的是, 我们基于形式化推导得到的泛型查找算法构件 Ordersearch, 通过参数替换来自动生成该算法:

function orderedsearch: new OrderSearch (intL.divide2);

8.2.2　二分查找

分划函数 SearchingList.divide1, 始终返回问题边界的中点, 实例化 Ordersearch 的结果体现出二分查找的思想, 可以直接生成二分查找算法

binarysearch, 实例化语句为

> **function** binarysearch: new OrderSearch (intL.divide1);

8.2.3　二叉树查找

引入二叉搜索树来组织原始的有序序列, 则基于递推关系式(6.4)以及预定义的二叉树构件 btree, 可获得二叉树查找算法:

```
program btreeSearch;
const n=10;
type treetype=btree(integer);
var t:treetype;i,j,key,r:integer;p:boolean;
begin
   p,i,t:=false,1,%;
   do(i<=n)→ read(j);i,t:=i+1,t+j;od;
   read(key);
   do(t≠%)∧(¬p)→ r:=t.d;
       if (r=key)→ p:=true;
       [](r > key)→ t:=t.l;
       [](r<key) → t:=t.r;
        fi;
   od;
   write(p);
end.
```

8.2.4　其他查找算法

类似于 8.1.4 小节, 对于泛型算法构件 OrderSearch, 也可由 SearchingList 提供满足 Specification 6.7 的其他函数来实例化, 从而产生多种有序序列的关键字查找算法:

> **function** noname6: new OrderSearch (intL.divide3);
> **function** noname7: new OrderSearch (intL.divide4);
> **function** noname8: new OrderSearch (intL.divide5);
> **function** noname9: new OrderSearch (intL.divide6);
> **function** noname10: new OrderSearch (intL.divide7);

其中, noname6, noname7 和 noname8 的算法效率和有序线性查找算法 orderedsearch 的效率近似, 算法渐进时间复杂性均为 $O(n)$, noname9 的算法时间复

杂性为 $\log_{3/2}n$，其效率略低于在中点分裂的二分查找算法，noname10 的效率和二分查找接近.

8.3   本 章 小 结

8.1 节在满足 Specification 6.7 的约束下以 SearchingList 实例化 UnorderSearch，分别得到递归查找算法 rsearch、线性查找算法 linearsearch 及多种无名查找算法. 显然，给出其他的分划函数，还有可能生成出更多的查找算法. 此外，基于 Hash，通过提供不同的表元素类型、散列函数和处理地址冲突的函数对其进行实例化，可产生不同的具体散列表类型，从而获得相应的散列表查找算法，本书给出了开放定址法和拉链法两种散列查找算法.

8.2 节对 OrderSearch 进行实例化，得到有序线性查找、二分查找及各无名查找算法. 同样地，开发其他不同的分划函数，还可以产生新的有序查找算法.

第 9 章　序列比对算法

9.1　序列比对简介

9.1.1　序列比对问题简述

在生物基因进化过程中，生物中的遗传基因随着地理和气候环境的不断变化而改变，导致了原本相同的生物基因序列在进化演变过程中有着稍微不同，即存在着片段缺失、插入以及相同序列位置发生了改变等问题，从而在物种之间产生了不同的性状. 虽然生物基因序列不同，但是在序列之间依然存在一定的相似性关系，生物学家们通过使用现代计算方法来计算出序列之间的相似性程度，从而了解生物之间的遗传变异关系. 一般来说，如果来自不同生物的基因序列满足了一定的相似性，我们就可以判定两生物可能来自同一个祖先，即具有同源性. 因此，为了获取并分析序列之间的差异性，就需要对用于相似性分析的序列给定某种判定机制来衡量序列之间的相似性值. 在不断地研究下，生物学家发现序列之间的差异性主要由以下几种方式造成:

(1) 插入: 解释为相对另一比对序列，原始序列某一个位置插入了一个或多个字符;

(2) 删除: 解释为相对另一比对序列，原始序列某一个位置删除了一个或多个字符;

(3) 替换: 解释为在序列中的某一个位置字符被替换成其他字符.

其中，插入、删除是两种相对的概念. 一般来说，对于两个待比对序列 s 和 t，当我们将序列 s 与序列 t 进行比对时，对于在序列 s 中增加字符的过程我们称为插入，而对于在序列 t 中增加字符的过程则被称为删除. 在比对过程中增加或者删除的字符一般称为空位，用 "-" 表示.

因此，在序列相似性分析过程中，就可以通过使用上述三种操作方式来表示序列比对过程，并且对于每种操作给定相应的权值，可以建立一种评价序列比对结果优劣的量化准则，以获得序列之间的比对得分. 比对得分越大，则表明序列之间的相似性程度越高，能够以更大的程度支撑两生物之间具有同源性.

9.1.2　空位罚分

空位罚分是指对在序列比对分析时为了反映核酸或氨基酸的插入或缺失等而

插入的空位进行罚分的过程, 其目的在于补偿替代、插入和删除对序列相似性的影响, 从而保证获得最大相似性比对分值的合理性. 对于不同的空位罚分策略, 将会获得不同的最优比对结果. 因此, 对于罚分策略的设计需要尽可能简单, 以及不能引入太多的空位, 并且要保证符合生物的遗传进化规则. 常见的空位罚分策略有固定空位罚分[134]、仿射空位罚分两种.

9.1.3　替换矩阵

粗糙的比对方法仅仅用是否相同来描述两个残基之间的关系, 显然这种方法无法描述残基变化对结构和功能的不同影响效果, 而用替代矩阵来描述残基之间比对的分值则会大大提高比对的敏感度并符合生物学意义. 替换矩阵描述了序列中的一个字符随时间变化转换为其他字符的速率, 通常被用于氨基酸和 DNA 序列比对. 替换矩阵一般有以下几类:

(1) 单位矩阵. 单位矩阵是最简单的替换矩阵. 对于比对序列中出现的残基, 若相同, 则其得分值为 1 分, 若不同, 则设置其得分值为 0.

(2) PAM. PAM 矩阵是通过计算来自同一祖先中高度相似的氨基酸蛋白质序列中的可接受点突变所得. 在理想状态下, 对于相似性程度不同的序列进行比对时应选择进化距离对应的 PAM 矩阵, 其中最常见的 PAM 矩阵有 PAM30, PM70 和 PM250, 后面数字大小表示进化距离, 数字越大, 进化距离越远.

(3) BLOSUM[135]. BLOSUM 是通过利用多序列比对分析亲缘关系较远的蛋白质序列中高度保守区域数据所得. 最常用的 BLOSUM 矩阵为 BLOSUM62, 其是数据库搜索软件 BLAST 的默认替换矩阵. 其中, 数字 62 表示在构建矩阵序列保守区块数据库中, 两个序列之间有 62%的残基对是不同的.

9.2　序列比对算法

按照序列比对过程中参与比对的序列数目将其分为双序列比对算法和多序列比对算法, 以下分别进行介绍.

9.2.1　双序列比对算法

双序列比对算法是指序列比对过程中参与的序列数目只有两条, 是序列比对中最早采用的比对算法. 双序列比对是序列比对研究的基础, 也是数据库搜索算法的基础. 在对未知序列进行同源性分析时, 就必须将该未知序列与已知的序列数据库进行比对分析, 从而可以鉴别位置序列的结构和功能. 其中, 根据序列中参与比对碱基范围的不同分为全局比对算法、局部比对算法以及准全局比对算法.

全局比对算法是指序列中的所有碱基都参与比对过程, 用于从整体上了解比对序列的相似性; 局部比对算法是指获取序列之间的局部相似性, 以寻求序列间的最大相似性片段, 更符合基因进化中具有局部相似性的生物学意义; 准全局比对算法则是为了获取序列间最大可能的部分匹配序列, 适合于具有重叠关系的序列比对问题, 由于准全局比对算法在满足一定条件下可以转换为局部比对算法和全局比对算法, 因此, 以下主要介绍全局比对算法中经典算法为 Needleman-Wunsch 算法和局部比对算法中的 Smith-Waterman 算法.

　　Needleman-Wunsch 算法是 Needleman 和 Wunsch 在 1970 年提出的一个全局序列比对算法, 它是最早的基于动态规划方法的双序列比对算法, 并因其具有高精确度的优势得到广泛的应用, 成为生物序列分析过程的基本算法之一. 但是对于生物序列进行全局比对不符合基因功能位点是由较短的序列片段组成的生物学基础, 其生物学意义相对不高. 因此在 1981 年, Smith 和 Waterman 在 NW 算法的基础上改进形成了 Smith-Waterman 算法, 它是一种基于动态规划的局部相似性区域序列比对算法, 具有较高生物学意义. 动态规划策略主要由以下几个步骤组成: ①根据待求解问题的时空特征, 将其划分为有规律的子问题, 并确定其初始状态; ②规范各子问题的状态表示, 且需满足无后效性; ③根据两相邻子问题状态关系获得决策与状态转移方程; ④找出终止条件作为结束状态. 从而构造出待求解问题的最优解.

9.2.2　多序列比对算法

　　多序列比对算法是指对数量超过两条的序列进行比对, 以寻求多条序列的公共特征. 在理论上, 多序列比对算法可以以动态规划为基础, 通过序列间的两两比对以及合并, 从而获得多序列之间的最终比对得分. 该类方式只适用于进行序列长度较短、 序列数目较少的比对过程. 在目前, 多序列比对方式主要分为以下两类: 渐进式多序列比对和迭代比对.

　　渐进式多序列比对是多序列比对算法研究中最为常用的一种比对方式, 其基本思想为通过迭代地进行两两序列比对来构建多序列比对. 首先, 选取两条序列进行比对, 通过某种方式选择第三条序列加入前面序列比对中, 重复该过程直到所有序列都比对完成为止. 该类算法缺点是在比对过程中所产生的错误无法修正, 导致无法保证得到最优的比对结果. 因此, 如何确定序列间的比对顺序和减少比对过程中产生的错误成为该种比对方式中一个主要问题.

　　Clustal 算法[136]是一种近似启发式方法, 并在随后的发展过程中出现了大量的不同版本算法, 如 ClustalW[137]和 ClustalX[138]等. 该算法主要由以下三个步骤组成: 通过使用渐进式双序列比对方法对所有序列进行两两比对, 同时将比对得分值作为建立的距离矩阵元素; 根据距离矩阵并利用邻接法计算产生出系统进化指导树; 最后在建立的进化指导树中寻找关系较近的序列, 从而渐进构建出多序列比对, 直到所有序列都完成比对为止.

迭代比对算法是为了解决渐进式比对算法比对精确度严重依赖于初始的双序列比对结果而提出来的一种多序列迭代优化算法. 算法首先获取多序列比对的一个初始解, 然后基于选择的计分函数对多序列比对结果进行优化, 直到最后结果不再改变为止. 迭代比对算法一般分为确定性的迭代比对算法和随机性的迭代对算法, 常见的算法主要是以基于遗传算法[139,140]、模拟退火算法[141,142]以及隐马尔可夫算法[143,144]为主要迭代优化策略.

SAGA 算法[145]是一种基于遗传算法的随机迭代多序列比对方式, 具有较好的全局最优性能. 该算法主要由以下几个步骤组成: 首先随机将待比对序列进行比对, 以生成初始迭代序列比对群体; 然后为每一个初始序列比对个体赋予相应的适应度, 并通过随机选择设置好的22个遗传算子来计算和选取满足目标函数适应度的个体, 从而保证序列比对个体进化; 直到最后获得期望结果或达到设置的最大进化代数时终止迭代, 并将获得的结果作为多序列比对的结果输出.

9.3　本章小结

本章讨论了序列比对算法的基本问题, 分析并研究了双序列比对算法中经典的基于动态规划的全局比对 NW 算法和基于动态规划的局部比对 SW 算法, 虽然 SW 和 NW 算法的时空复杂度都为 $O(mn)$, 计算量相对较大, 但由于 SW 算法具有高精确度和敏感度的优势, 且符合生物序列的局部性特征, 因此得到了普遍的认可, 成为生物序列分析过程的基本算法之一. 同时, 对多序列比对算法中渐进式比对算法以及迭代比对算法思想进行了介绍, 并分别阐述了前面两类算法中的重要算法: 近似启发算法的 Clustal 算法和基于遗传算法的 SAGA 随机迭代多序列比对算法. 上述算法的成功运用, 极大地推动了序列比对算法的发展.

第 10 章 DPPSAA 构件设计与 NW 装配实现

10.1 DPPSAA 领域特征模型

10.1.1 DPPSAA 特征模型

本章利用梅宏院士团队提出的特征建模方法[146]对 DPPSAA 领域进行特征建模，即采用层次的方式来组织特征，且层次之间以整体与部分的关系相联系，并从分析领域中的服务(service)、功能(function)以及行为(behavior)特点入手构建特征模型. 比对操作服务是该领域中的核心服务. 比对操作服务通过控制序列比对过程中的比对方式和各算法特征之间的执行优先级以及组合方式，来实现使用者定义的序列比对算法. 通过分析领域中双序列比对算法中的一些主要执行步骤，可以将该比对操作服务进一步划分为检查序列合法性、得分矩阵操作、动态规划算法方式选择、记住得分来源、回溯和比对结果输出等功能，同时得分矩阵初始化、动态规划方式选择以及检查序列合法性作为三个必选的功能. 在上述分析的基础上，对于比对结果输出，输出方式是它的显著行为特点，且存在两种主要行为特点：比对序列输出以及比对得分输出，并且两者为 XOR 特征，且动态规划方式可以分为全局动态规划方式、准全局动态规划方式、局部动态规划方式三种，三者为 OR 特征. 同时 OR 特征或 XOR 特征之间的绑定需要满足文献[52]中提出的一组特征间约束关系公式，即满足一致性、无冗余性和必要性. 我们根据上述分析对该领域建立特征模型.

10.1.2 DPPSAA 特征交互模型

特征模型中不同特征通过交互实现完整的领域特征模型，在特征模型中，特征之间的交互则需要由其包含的特征之间的约束以及依赖关系来体现. 因此针对建立的特征模型，我们对 DPPSAA 领域的特征交互模型进行了设计.

通过分析整个 DPPSAA 领域得知，算法主要包括以下三个主要变化过程特征：得分矩阵操作、动态规划算法方式以及比对结果输出. 因此，我们将特征模型中的这些特征以及检查序列合法性作为主要特征，其他特征以及相关数据结构作为辅助特征，并根据其优先级建立了特征之间的交互模型.

10.2 基于 Apla 语言的 DPPSAA 构件实现

10.2.1 算法构件的 Apla 表示

针对上述建立的领域特征模型, 本章利用 Apla 语言将模型中的特征实现为 DPPSAA 领域算法构件库中的构件, 不仅可高抽象表示算法程序的功能特性与非功能特性, 而且能够直观地展示各算法构件之间的约束以及依赖关系. 这样既减少了各构件之间的干扰, 降低了算法程序的复杂性, 提高了算法构件安全性, 又消除了传统算法设计方式中算法与数据难以分离的问题, 提高了构件装配产生算法的可复用性和可维护性, 同时使用该算法构件库时, 我们只需关注算法功能即可, 而不用在意具体构件实现细节, 从而提高了算法设计效率.

下面展示了对 DPPSAA 领域构件的 Apla 程序实现. 因为主要是为了展示 Apla 语言怎样实现该领域构件, 因此在程序代码中主要给出了对于该领域构件的声明, 但是对于泛型子程序中的泛型参数有一个具体介绍.

1. 罚分模型以及得分矩阵元素结构设计

首先将罚分模型设置为一个抽象数据类型(Abstract Data Type, ADT), 这里我们为解释方便, 只使用固定空位罚分策略, 含扩展罚分时操作类似. 其中罚分模型的 ADT 定义如下:

```
define ADT penaltyMatrix(sometype elem);
    match:integer;
    mismatch:integer;
    space:integer;
enddef;
```

其中 sometype 为 Apla 语言中的关键字, 用来定义类型变量. 其中的 match, mismatch, space 分别表示罚分模型中的匹配罚分值、错配罚分值以及空位罚分值.

在得分矩阵中, 由于序列比对结果输出时需要进行回溯操作, 因此我们将得分矩阵中的元素定义为一个 ADT, 命名为 H_Struct, 该 ADT 中包含了一个整型变量 value 表示两个字符比对得分值以及一个 boolean 型的数组 dp_direct 表示该得分值的来源(其中 true 代表对应得分来源为真, false 代表为假).

该 ADT 定义如下:

```
define ADT H_Struct(sometype elem);
    value:integer;
```

```
    dp_direct:array[0:3,boolean];
enddef;
```

2. 得分矩阵操作

该构件被定义为一个 ADT 类型, 又因为在不同的 DPPSAA 中得分矩阵初始化方式不同, 因此在该 ADT 内部包含了一个泛型子程序 Memory_Score_of_Matrix, 并将 Init_score_matrix 方法作为它的泛型参数, 使得泛型子程序可以支持实例化具有不同得分矩阵初始化方式的比对算法, 即当使用不同的方法参数实例化 Init_score_matrix 时, 将返回不同的得分矩阵. 同时在该 ADT 中还包含了一些常用的得分矩阵操作, 如求矩阵最大得分、矩阵元素取值操作和赋值操作等.

```
define ADT score_matrix_mani(sometype elem);
    procedure   apply_memory(length_s:integer,length_t:
integer);
    procedure   Memory_Score_of_Matrix(proc   Init_score_
matrix());
    function Max_score_of_Matrix:integer;
    function the_Last_element_score:integer;
    function get_value(i:integer;j:integer):integer;
    procedure set_value  (i:integer;j:integer;score:inte
ger);
    enddef;
```

其中该 ADT 类型名为 score_matrix_mani, 且带有一个类型参数 elem; apply_memory 泛型子程序的作用是根据整型变量 length_s 和 length_t 值为 score_matrix_mani 动态分配内存空间; 函数 Max_score_of_Matrix 和 the_Last_element_score 分别表示获取 score_matrix_mani 中得分最大值以及最后一个元素的得分值; get_value 以及 set_value 分别为获取和设置 score_matrix_mani 中元素得分值.

3. 动态规划算法方式选择

该构件也被定义为泛型 ADT, 可以支持不同的序列比对算法所使用的动态规划得分模式, 得分模式的变化主要依靠泛型子程序 dp_align_score 来实现, 同时该 ADT 类型中还包括求两字符的最大比对得分操作 max_score_of_char, 函数中的三个参数分别表示不同来源的罚分值.

```
define ADT dp_mode(sometype elemMatrix);
     function  max_score_of_char(up_score:integer;left_
score :integer;diag_score:integer):integer;
     procedure dp_align_score(s:String;t:String;pM: penalty
     Matrix;proc set_and_remember(sometype elemMatrix;lengt
     h_s:integer;length_t:integer));
enddef;
```

这里 elemMatrix 是一个类型参数; 函数 set_and_remember 是泛型子程序 dp_align_score 的泛型参数, 该函数的功能为记录得分矩阵中各元素的得分值以及得分来源, 可以被用于各种动态规划罚分模型的实例化.

4. 检查序列合法性

检查序列是否属于字符集{A, T, C, G}(默认为 DNA 序列, 如果为其他序列, 加入对应表示字符即可, 如果为 RNA 序列, 则将 G 换为 U 即可).

```
procedure check(s,t:String)
begin
 ...;    //代码已省略
end;
```

其中 s 和 t 都为字符串类型.

5. 记住得分来源

该构件表示记住(i, j)处得分的来源, 即将(i, j)处中对应的方向标志赋值为 true. 其为回溯阶段输出序列比对结果提供支持.

```
procedure rmb_source(i:integer; j:integer);
begin
 ...;    //代码已省略
end;
```

6. 回溯

该构件的 Apla 语言定义如下:

```
proceduretraceback(proc print_align();proc print_extrude()=
NULL);
```

```
begin
  ···;    //代码已省略
end;
```

在回溯过程中, 一般由短序列比对区间回溯和两端突出回溯组成, 其中短序列比对区间回溯表示从两序列匹配的第一个序列字符开始, 到最后匹配的字符结束位置之间的字符区间序列输出, 两端突出回溯则表示从头开始到第一个匹配字符的前一个字符区间序列输出或者最后一个匹配字符的下一个字符到最后所有字符序列对应输出. 在 trackback 泛型子程序中分别由 print_align 和 print_extrude 表示, 并且在默认配置下 print_extrude 为空, 即为全局比对.

7. 比对结果输出

这里将该构件定义成一个泛型子程序.

```
procedureop_mode(funcscore_op():integer;proc
traceback(proc print_align();proc print_extrude()=NULL));
  begin
    ···;    //代码已省略
  end;
```

在上述泛型子程序定义中,函数 score_op 功能为输出最终比对得分.

8. 比对操作

为了能够实现现有的序列比对算法, 则需要对上述算法构件进行人工装配, 因此将比对操作服务定义为一个泛型子程序, 并将各功能作为其的参数, 使之能够支持装配产生 DPPSAA.

```
procedure align_manipulation(sometype elemMatrix;op_mode
(func score_op():integer;proc traceback(proc print_align(); proc
print_extrude()=NULL));ADT  dp_mode(eM:elemMatrix);  sometype
elemMatrix;s :String;t:String));
  begin
    ···;    //代码已省略
  end;
```

该算法构件 align_manipulation 主要包含以下几个参数: 比对输出构件 op_mode、回溯构件 traceback、自定义泛型 ADT dp_mode 以及待比对序列 s 和 t. 其中 elemMatrix 表示为一个类型参数, 并且后面 4 个变量参数为在主程序中实例化参数所需代入的. 这样我们就可以通过手工装配该子程序, 以达到实现相应比对算法的目的.

10.2.2　NW 算法装配实现

通过以上介绍, 我们可以较清晰地了解到整个 DPPSAA 领域构件库的建立过程, 下面利用上述构件库来装配实现基于全局的双序列比对算法 NW, 程序如下:

```
program para;
const
/*序列 s,t 的输入;*/
procedure Init_score_matrixNW (sometype elemMatrix);　①
var
    i,j:integer;H:elemMatrix;
begin
    foreach(i,j:0<=i,j<length_s,length_t:···;);　　　②
end;
procedure  set_and_remember(length_s  :integer;length_t:
integer; sometype elemMatrix) ;　　　　　　　　　　　③
var
    i,j:integer;
    setMatrix :elemMatrix;
begin
    foreach(i,j:0<=i,j<length_s,length_t:···;))　　　④
end;
ADT pM :penaltyMatrix();　　　　　　　　　　　　　　⑤
ADT struct :H_struct();
ADT matrix :score_matrix_mani(struct);
ADT dp_NW :new dp_mode(matrix);
procedure  tb_nw  :new  traceback(print_align,  print_
extrude);
procedure  op_nw  :new  op_mode(matrix.the_Last_element_
score,tb_nw);
procedure    align_manipulation(sometype    elemMatrix;ADT
dp_mode(eM:elemMatrix);op_mode(func score_op():integer;proc
```

```
traceback(proc print_align();proc print_extrude()=NULL));s
:String;t:String));                                      ⑥
    begin
        dp_nw :dp_mode;
        dp_nw.dp_align_score(s,t,pM,set_and_remember(s.le
ngth(),t.length(),matrix));
        op_mode();
    end;
        procedure NW:new align_manipulation (dp_NW,op_nw);⑦
    begin                                               ⑧
        check(s,t);
        matrix.apply_memory(s.length(),t.length());
        matrix.Memory_Score_of_Matrix(Init_score_matrixNW
(matrix));
        NW(s,t);
    end;
```

在上面程序中, 过程①为得分矩阵初始化方式的实例化; 代码块②和④由于占用篇幅过大, 因此用···表示; 过程③则为记录比对得分值以及得分来源的实例化; ⑤则表示 NW 算法装配所需构件对象的定义; 泛型子程序⑥则表示在步骤⑦实例化NW算法时内部所要执行的算法构件关联操作; ⑧以下的代码块为主程序.

10.3　基于 Apla-C++ 转换的 NW 算法装配实现

10.3.1　Apla 程序转换为 C++ 表示

目前, 由于 Apla 语言无法在 PAR 平台上直接运行, 针对上一节利用 Apla 语言建立的算法构件库, 本节利用 PAR 平台 C++ 程序生成系统, 将装配 NW 算法过程中所需的 Apla 算法构件代码转换为相对应的 C++ 可实现代码.

对于 Apla 代码中只包含数据成员的 ADT 算法构件被转换为 C++ 中的结构体, 如 penaltyMatrix 以及 H_Struct 等, 其结果如下:

```
struct penaltyMatrix
{
    int match;
    int mismatch;
```

```
    int space;
};
struct H_Struct
{
    int value;
    bool dp_direct[3];
};
```

含有数据成员和成员函数的 ADT 则被转换为 C++ 函数中的类, 如 score_matrix_mani、dp_mode 等, 其中大括号内的省略号表示函数体, 且 Sequence 类将两个待比对序列作为其数据成员.

同时, Apla 代码中的泛型子程序和泛型函数等则被转换为 C++ 中独立的类成员函数. 其中, 主调函数与主调函数泛型参数之间的关系被转换为 C++ 中的函数指针, 即将泛型参数作为主调函数的指针函数参数, 从而到达与 Apla 程序同样的多态性特征.

因此可将 Apla 算法构件代码转换成能够实现的 C++ 代码, 最后利用转换后的算法构件进行手工装配 NW 算法(即将服务 align_manipulation 转换为主函数).

10.3.2   实验结果分析

为验证算法的实用性, 我们从 NCBI 互联网上的 Genbank 数据库中下载了长度为 200 的 E.coli 序列数据进行程序测试. 本实验采用标准的 C++ 语言编写, 使用 VS2012 工具加以实现, 该算法的罚分矩阵设置为 pM = {1, − 1, − 2}. 机器基本配置为: 处理器: 3.40 GHz Inter Core i7, 内存: 8GB, 操作系统: windows 7. 实验结果显示两序列的比对得分值为 − 42, 且比对时间为 996 ms.

在 PAR 平台的支撑下, 我们以半自动的方式将上述 Apla 语言编写的 DPPSAA 算法构件程序转换成 C++ 代码, 并装配形成 NW 算法. 经实际运行 NW 算法检测, 算法的运行结果与原本 NW 算法结果一致. 使用 DPPSAA 领域构件装配形成的具体双序列比对算法, 不但使得算法编写更容易, 代码冗余度降低, 提高了装配算法程序的可靠性、可复用性以及可维护性, 而且可以根据客户需求进行手工装配形成指定算法, 增强了 DPPSAA 算法构件的通用性.

10.4   本 章 小 结

本章首先对构建的 DPPSAA 领域特征模型进行了介绍, 其中包括 DPPSAA 特征建模过程和特征交互模型的设计过程, 描述了 DPPSAA 领域实现所需的通用和可变特征以及可变特征之间的依赖关系. 然后对建立的领域特征模型中的特征利用 Apla 语言进行实现过程进行了详细说明, 并展示了利用 Apla-C++ 转换系统对程序转换后的 C++ 程序, 同时装配实现了 NW 算法. 最后利用装配实现的算法进行了双序列比对实验, 基于构件装配的 NW 算法的比对结果表明, DPPSAA 算法构件库具有一定的实用性, 并具有良好的预期效果. 从领域实现过程中可以看出, 该领域特征模型是一种在更高抽象层次上的形式化描述, 不仅使得算法的具体组成特征和依赖关系清晰地展示, 有利于了解算法的整体架构; 而且, 其特征交互模型的建立, 使得在进行领域实现时能够较为方便地指定算法所需特定配置知识, 进而自动装配之后建立的 DPPSAA 算法构件库中的构件以实现期望算法, 而不用太过于关注算法实现细节.

第 11 章　基于 DPPSAA 的星比对算法装配实现

11.1　星比对算法介绍

星形序列比对算法[147,148]是多序列比对算法中的一种启发式快速近似算法. 该算法主要通过将所有的序列进行两两比对, 然后选取序列比对过程中与其他序列比对得分最高的序列作为中心序列, 通过不断与其他序列进行比对来获得最后的比对结果. 算法在添加后续序列至比对过程中遵循 "一次留空, 处处留空" 的规则, 并且不能保证获取最佳的比对结果.

对于序列 $s1 = \text{CGCT}$, $s2 = \text{GCGT}$, $s3 = \text{CCTG}$, 计分函数与双序列比对中的相同, 通过计算序列 $s1, s2, s3$ 间两两比对, 结果见表 11.1.

表 11.1　距离矩阵

	$s1$	$s2$	$s3$	得分和
$s1$		−1	−1	−2
$s2$	−1		−2	−3
$s3$	−1	−2		−3

将每条序列与其他序列的比对得分和相加, 选取其中得分和最大的序列作为中心序列, 因此本例中, 中心序列选取为 $s1$, 其与 $s2, s3$ 的最佳比对结果以及最后合并结果如图 11.1 所示.

```
最佳比对结果:
    s1:-CGCT        s1:CGCT-
    s2:GCG-T        s3:C-CGT
最后比对结果:
        s1:-CGCT-
        s2:GCG-T-
        s3:-C-CGT
```

图 11.1　星比对结果

11.2　星比对算法构件建立以及 Apla 实现

利用特征建模知识, 以及对星比对算法执行过程进行分析, 我们可以知道在星比对过程中主要以多序列比对作为星比对算法的核心服务. 多序列比对服务主要是以双序列比对为基础, 通过选取最优的双序列比对结果作为中心序列, 然后通过不断加入次优的序列至比对中, 直至获得最终的多序列比对结果. 经过对星比对算法执行过程的分析, 多序列比对操作服务主要由以下几个特征组成: 检查序列合法性(msa_check, 表示构件名, 下同)、距离矩阵(dist_Matrix), 双序列比对操作(align_manipulation)、中心序列选取(msa_center)、记住比对空位(rmb_space)、序列比对结果输出(msa_op_result)等. 其中检查序列合法性、双序列比对操作、距离矩阵和中心序列选取为星比对算法中的必选特征, 而序列比对结果输出特征主要依赖于记住比对空位特征, 即当装配算法含有序列比对结果输出构件时, 则默认包含并实现记住比对空位构件.

　　由于星比对算法是一种基于双序列比对的启发式快速近似算法, 因此, 以 DPPSAA 为序列比对基础, 利用 Apla 泛型程序设计语言对星比对算法进行抽象表示, 可以较好地规范化装配实现星比对算法. 在此, 我们在 DPPSAA 领域构件库的基础上进行扩充, 以使得该领域构件库可用于装配实现如星比对算法. 以下我们对扩展的构件进行 Apla 表示.

1. 检查序列合法性

msa_check 是以 DPPSAA 领域中的 check 构件为基础扩充的一种可用于检测多条序列序列. 其 Apla 表示为

```
procedure msa_check(String str[]);
begin
    ···;    //代码已省略
end;
```

其中 str[ ] 表示进行多序列比对的碱基字符串数组.

2. 距离矩阵

dist_Matrix 表示将所有参与多序列比对的两两比对得分值作为距离矩阵元素并返回, 并且该构件以序列比对操作作为其泛型参数. 其 Apla 形式为

```
functiondist_Matrix(proc      align_manipulation(sometype
elemMatrix;ADTdp_mode(eM:elemMatrix);op_mode(func
score_op():integer;proc  traceback(proc  print_align();proc
print_extrude()=NULL));result:boolean;eM:elemMatrix;s:Stri
ng;t:String))):integer[][];
```

```
begin
    …;    //代码已省略
end;
```

3. 中心序列选取

msa_center 构件是星多序列比对算法构件库中的一个重要组成部分, 该构件能够用于选取所有双序列比对中的最佳比对, 并以该比对中的序列为中心序列, 迭代加入剩余的序列, 从而可获得最优的多序列比对结果.

```
function msa_center(dist[][]:integer):integer
begin
    …;    //代码已省略
end;
```

其中数组 dist 表示距离矩阵返回的数组, 同时该构件返回中心序列索引值.

4. 记住比对空位

在星比对算法中, 算法在添加后续序列至比对过程中遵循 "一次留空, 处处留空" 的规则. 因此, rmb_space 构件的作用为记住每次序列比对过程中插入的空位. 即有:

```
function rmb_space():integer[][];
begin
    …;    //代码已省略
end;
```

5. 序列比对结果输出

该构件把(4)中将获得的空位索引值插入到序列中, 用于输出最后的多序列比对结果. msa_op_result 构件的可用以下 Apla 语言表示:

```
procedure msa_op_result(space[][]:integer);
begin
    …;    //代码已省略
end;
```

11.3　基于 Apla-C++ 转换系统的星比对算法的装配实现

利用 Apla-C++ 转换系统, 通过自动转换与手动转换相结合的方式, 对上述构件库进行转换成相对应的 C++ 程序, 从而用于实现星比对算法, 并进行试验分析和实验结果. 以下只展示主要的三个构件: 距离矩阵构件、中心序列选取构件和记住比对空位构件.

　　由于在星比对算法中需要进行双序列比对, 并将比对得分结果值作为距离矩阵的元素, 因此距离矩阵构件需要将 DPPSAA 中序列比对操作作为其泛型参数, 以获得所有序列两两比对的得分值. 因此, 在将 Apla 程序转换为 C++ 程序过程中, 首先需要将 DPPSAA 中的构件装配形成一种双序列比对算法, 并将该双序列比对算法设计为一个独立的函数以用于距离矩阵构件的函数指针参数, 降低了双序列比对算法与距离矩阵之间的依赖关系. 在此处该序列比对算法我们设置为 NW 算法, 并且返回两序列比对得分值.

　　因此, 距离矩阵构件转换后的 C++ 程序表示如图 11.2 所示. 其中, 类 dist_Matrix 包含三个属性, dist 表示距离矩阵, 如元素 dist[0][1] = 1, 表示第一条序列与第二条序列的双序列比对得分值为1; row_sum 表示每条序列与其他序列进行两两比对后的得分值之和, 即 dist 的行和; seqs_num 表示参与比对序列个数. 在方法 Dist_Matrix 中, seqs 表示指向所有参与比对的序列的字符串指针, matrix 则表示所有序列进行两两比对后获得的得分矩阵对象所构成的二维矩阵, 且方法 sum_row 用于计算 row_sum 值.

```
class dist_Matrix
{
    int** dist;   //距离矩阵
    int** row_sun;   //行得分和
    int seqs_num;   //序列个数
public:
    void Dist_Matrix(int (msaNW)::*Msa_NW)(Score_matrix_manis, const stb::strings,
                      const std::strings), std::string* seqs, Score_matrix_mani**
    {…}            matrix)//最后总得分
    void sum_row()    {…}
};
```

图 11.2　距离矩阵

　　同时, 中心序列选取构件被转换为一个类 msa_center, 该类的属性 center_index 记录中心序列的索引, 其中方法 Msa_center 用于计算 center_index, 并将距离矩阵对象作为其参数. 该构件的 C++ 表示如图 11.3 所示.

```
class msa_center
{
private:
    int center_index;   //记录中心序列索引
public:
    int Msa_center(dist_Matrix distM) {…}
};
```

图 11.3　中心序列选取

记住比对空位构件也被转换为 C++ 中的类 rmb_space, 其中属性 Msa_space_loc 表示中心序列与其他序列比对时插入的空位位置, 属性 msa_ret_str 则表示在所有序列中按照 "一次留空, 此次留空" 规则插入空位完成后的序列比对结果. 其 C++ 表示如图 11.4 所示.

```cpp
class rmb_space
{
    int** Msa_space_loc;    //记录每条序列与中心序列比对时的空位位置
    std::string* msa_ret_str;   //保存MSA比对结果
public:
    void Msa_add_space(MsaCenterSeq mcs, DistMatrix distM,
    Msa_Sequence* seqs, Score_matrix_mani** matrix)
    {…}
};
```

图 11.4　记住比对空位

通过进行上述转换, 我们可以获得装配形成星比对算法的完整构件库, 其装配实现如图 11.5 所示. 图中 Star 表示星比对算法中用于构建距离矩阵中方法 Dist_Matrix 的参数 matrix, 即 NW 算法中的得分矩阵操作对象.

```cpp
int main()
{
    std::string s[3] = {''CGCT'',''CCTG'',''GCGT''};
    int seq_num = sizeof(s)/sizeof(s[0]);
    Msa_Check(). check_dna(s, seq_num);
    Star star(s,seq_num);
    dist_Matrix distM(seq_num);
    distM. Dist_Matrix(sMsaNW::Msa_NW, s, star. get_matrix());
    distM. sum_row();
    mse_center mc;
    mc. Msa_center_seq(distM);
    RmbSpace rs(seq_num, star. get_Seqs()->max_length());
    rs. Msa_add_space(mc, distM, star. get_Seqs(), star. get_matrix());
    Msa_print_align(). msa_print_align(rs.get_ret_str(), seq_num);
}
```

图 11.5　星比对算法装配

11.4　实验结果分析

与第 10 章的数据来源和机器配置相同, 本实验通过从 NCBI 的 Genbank 基因数据库网站下载 4 条长度约 200 个字符的 E.coli DNA 数据进行实验测试, 实验所得结果比对耗时 11.318 s.

上述程序运行结果表明, 装配生成的星比对算法能够较好地进行多序列比对, 并取得了与原星比对算法类似的结果, 验证了装配生成的星比对算法的实用性, 同时扩展了 DPPSAA 构件库的适用范围.

11.5　本 章 小 结

　　本章首先说明了星比对算法的执行过程, 并在此基础上进行总结分析, 抽象出该算法的主要组成构件: 距离矩阵、双序列比对操作、中心序列选取、记住比对空位、序列比对结果输出等, 同时将 DPPSAA 领域构件装配形成的 NW 算法作为星比对算法的子构件, 逐步分析了各构件之间的依赖关系. 然后我们利用 Apla 语言对这些构件进行形式化表示, 使得各构件之间的关系更清晰, 同时利用 Apla-C++ 转换系统对程序转换后的 C++ 程序, 进行装配实现. 最后利用装配实现的算法对真实序列进行多序列比对实验, 装配形成的星比对算法的比对结果显示, 该装配算法具有一定的实用性, 同时进一步体现了 DPPSAA 领域构件库的可复用性.

参 考 文 献

[1] Hoare T. The verifying compiler: A grand challenge for computing research. Journal of the ACM, 2003, 50(1): 63-69.

[2] Hoare T, Misra J. Verified software: Theories, tools, experiments vision of a grand challenge project//Meyer B, Woodcock J. Verified Software: Theories, Tools, Experiments. New York: Springer, 2008: 1-18.

[3] High Confidence Software and System Coordinating Group. High Confidence Software and Systems Research Needs. USA, 2001-1-10.

[4] HCMDSS website. High Confidence Medical Device Software and Systems Workshop, Philadelphia, June, 2005. http://rtg.cis.upenn.edu/hcmdss/index.php3.

[5] 陈火旺, 王戟, 董威. 高可信软件工程技术. 电子学报, 2003, 31(12A): 1933-1938.

[6] 林惠民. 高可靠软件研究: 向信息技术的未来投资. 中国科学院院刊, 2002, (6): 404-406.

[7] 闵应骅. 前进中的可信计算: 软件可靠性是个大问题. 中国传媒科技, 2005, (12): 31-34.

[8] AWCVS2006. 1st Asian Working Conference on Verified Software, Macao, 2006-10-29. http://www.iist.unu.edu/www/workshop/AWCVS2006/.

[9] Gray J. What next? A dozen information-technology research goals. Journal of the ACM, 2003, 50(1): 41-57.

[10] Upson S. Computer software that writes itself. Newsweek International, 2005-12-26.

[11] Anthes G H. In the labs: Automatic code generators. ComputerWorld, 2006-3-20.

[12] McLaughlin L. Automated programming: The next wave of developer power tools. IEEE Software, 2006, 5-6: 91-93.

[13] Xue J Y. Two new strategies for developing loop invariants and their applications. Journal of Computer Science and Technology, 1993, 8(2): 147-154.

[14] Xue J Y. A unified approach for developing efficient algorithmic programs. Journal of Computer Science and Technology, 1997, 12(4): 314-329.

[15] Xue J Y. PAR Method and its Supporting Platform. Proceedings of the 1st International Workshop on Asian Working Conference on Verified Software. Macao, 2006: 11-20

[16] Knuth D E .The Art of Computer Programming. vol.3: Sorting and Searching. 2nd ed. Reading, MA: Addison Wesley, 1998.

[17] Steier D M,Anderson A P. Algorithm Synthesis: A Comparative Study. New York: Springer-Verlag, 1989.

[18] Burback R, Manna Z, Waldinger R. Using the Deductive Tableau System //: Macintosh Educational Software Collection. Chariot Software Group, 1990.

[19] Manna Z, Waldinger R. Fundamentals of deductive program synthesis. IEEE Transactions on Software Engineering, 1992, 18(8): 674-704.

[20] Constable R L, Allen S F, Bromley H M, et al. Implementing Mathematics with the Nuprl Proof Development System. New Jersey: Prentice-Hall, 1986.

[21] Nuprl System website. http://www.nuprl.org/html/NuprlSystem.html.

[22] Bertot Y, Pierre C. 交互式定理证明与程序开发——Coq 归纳构造演算的艺术. 顾明,译. 北京: 清华大学出版社, 2009.

[23] Buchberger B, Craciun A. Algorithm synthesis by lazy thinking: Using problem schemes// Petcu D, Negru V, Zaharie D, et al. Proceedings of the 6th International Symposium on Symbolic and Numeric Algorithms for Scientific Computing. Mirton Publisher, 2004: 90-106.

[24] Floyd R W. Assigning meanings to programs. Proceedings of Symposia in Applied Mathematics, American Mathematical Society, Providence, Rhode Island, 1967: 19-32.

[25] Dijkstra E W. A Discipline of Programming. New Jersey: Prentice-Hall, 1976.

[26] Dijkstra E W, Feijen W H. A Method of Programming. Reading, MA: Addison-Wesley, 1988.

[27] Gries D. The Science of Computer Programming. New York: Springer-Verlag, 1981.

[28] Dijkstra E W, Scholten C S. Predicate Calculus and Program Semantics. New York: Springer-Verlag, 1990.

[29] Kaldewaij A. Programming: The Derivation of Algorithms. New Jersey: Prenctice-Hall, 1990.

[30] Cohen E.Programming in the 90s: An Introduction to the Calculation of Programs. New York: Springer-Verlag, 1990.

[31] Yakhnis V R, Farrell J A, Shultz S S .Deriving programs using generic algorithms. IBM Systems Journal, 1994, 33(1): 158-181.

[32] Franssen M. Cocktail: A tool for deriving correct programs. Ph.D Thesis, Eindhoven University of Technology, Eindhoven, Netherlands, 2000.

[33] Backhouse R C. Program Construction and Verification. New Jersey: Prentice-Hall, 1986.

[34] Dromey R G. Derivation of sorting algorithms from a specification. The Computer Journal, 1987, 30(6): 512-518.

[35] Dromey R G, Billington D. Stepwise Program Derivation. Technical Report SQI-91-02, Software Quality Institute, Griffith University, 1991.

[36] 冯树椿, 徐六通. 程序设计方法学. 杭州: 浙江大学出版社, 1988.

[37] ProgramTransformation homepage. http://www.program-transformation.org/.

[38] Monahan R, Geiselbrechtinger F. Tactics for Transformational Programming // O'Regan G, Flynn S. Proceedings of the 1st Irish Workshop on Formal Methods. New York: Springer-Verlag, 1997.

[39] Läufer K. A Comparison of Three Approaches to Transformational Programming. Technical Report 555, Department of Computer Science, New York University, 1991.

[40] Meertens L. Algorithmics-towards programming as a mathematical activity // de Bakker J, Hazewinkel M, Lenstra. Proceedings of the CWI Symposium on Mathematics and Computer Science. Amsterdam: North-Holland, 1986: 289-334.

[41] 仲萃豪, 冯玉琳, 陈友君. 程序设计方法学. 北京: 北京科学技术出版社, 1985.

[42] 徐家福, 陈道蓄, 吕建, 等. 软件自动化. 北京: 清华大学出版社, 1994.

[43] Burstall R M,Darlington J. A transformation system for developing recursive programs. Journal of the ACM, 1977, 24(1): 44-67.

[44] Secher J P . Unfold/Fold Transformation. Graduate course of University of Copenhagen, 2001. http://www.diku.dk/topps/activities/pgmtrans/unfold-fold.ps.

[45] Feather M S. A system for assisting program transformation. ACM Transactions on Programming Languages and Systems, 1982, 4(1): 1-20.

[46] Fowler M. Refactoring: Improving the Design of Existing Code. Reading, MA: Addison-Wesley, 2000.

[47] Duvall P, Matyas S, Glover A. Continuous Integration: Improving Software Quality and Reducing Risk. Reading, MA: Addison-Wesley, 2007: 161-186.

[48] de Wit M . Program Transformations in Tangram. Matster Thesis, Eindhoven University of Technology, 2003.

[49] Liu Y A, Stoller S D . Dynamic programming via static incrementalization. Higher-Order and Symbolic Computation, 2003, 16(1/2): 37-62.

[50] Bauer F L, Ehler H, Horsch A, et al. The Munich Project CIP. Vol.I: The Wide Spectrum Language CIP-L LNCS 183. Berlin: Springer, 1985.

[51] Bauer F L, Ehler H, Horsch A,et al. The Munich Project CIP, Vol.II: The Transformation System CIP-S LNCS 292. Berlin: Springer, 1987.

[52] Partsch H A. Specification and Transformation of Programs: A Formal Approach to Software Development. New York: Springer-Verlag, 1990.

[53] Hoffmann B, Brückner B K . Program Development by Specification and Transformation. Berlin: Springer, 1993.

[54] 徐家福, 戴敏, 吕建. 算法自动化系统 NDADAS. 计算机研究与发展, 1990, (2): 1-5, 14.

[55] Renault S, Pettorossi A, Prioetti M. Design, Implementation, and Use of the Map Transformation System. Technical Report 491, IASI-CNR, Roma, Italy, 1998.

[56] Pettorossi A, Prioetti M, Renault S. MAP: A Tool for Program Derivation Based on Transformation Rules and Strategies. ERCIM News, no.36, 1999.

[57] Guttmann W N, Partsch H. Tool support for the interactive derivation of formally correct functional programs. Journal of Universal Computer Science, 2003, 9(2): 173-188.

[58] Clark K L, Darlington J. Algorithm classification through synthesis. The Computer Journal, 1980, 23(1): 61-65.

[59] Broy M. Program construction by transformations: A family tree of sorting programs. Biermann A W, Guiho G. Computer Program Synthesis Methodologies. D R eidel Publishing Company, 1983:1-49.

[60] Lau K K. Top-down synthesis of sorting algorithms. The Computer Journal, 1992, 35: A001-A007.

[61] Merritt S M, Lau K K. A logical inverted taxonomy of sorting algorithms// Kuru S, Caglayan M U, Akin H L. Proceedings of the 12th International Symposium on Computer and Information Sciences. Bogazici University, 1997: 576-583.

[62] Guttmann W N. Deriving an Applicative Heapsort Algorithm. Technical Report UIB-2002-02, Universität Ulm, December, 2002.

[63] Borges P R, Ravelo J. Formal Construction of a Sorting Algorithm. Report CI-1993-003,

Department of Computation, University of SimónBolívar, 1993.

[64] Bird R S. A calculus of functions for program derivation//Turner D. Research Topics in Functional Programming. Reading, MA: Addison-Wesley, 1990: 287-307.

[65] Almeida J B, Pinto J S. Deriving Sorting Algorithms. Technical Report DI-PURe-06.04.01, Department of Information, University of Minho, Portugal, 2006.

[66] Pettorossi A, Proietti M. Automatic derivation of logic programs by transformation. Course notes for European Summer School on Logic, Language, and Information, ESSLLI, 2000.

[67] Ettorossi A P, Roietti M P. Program Derivation = Rules + Strategies// Kakas A, Sadri F. Computational Logic: Logic Programming and Beyond Essays in Honour of Robert A Kowalski-Part I. Lecture Notes in Artificial Intelligence 2407. Now York: Springer, 2002: 273-309.

[68] Visser E. A survey of strategies in rule-based program transformation systems. Journal of Symbolic Computation, 2005, 40(1): 831-873.

[69] Morgan C. Programming from Specifications. Oxford: Oxford University Press, 1991.

[70] Novak G S. Software reuse by specialization of generic procedures through views. IEEE Transactions on Software Engineering, 1997, 23(7): 401-417.

[71] Automatic Programming Homepage. http://www.cs.utexas.edu/users/novak/autop.html.

[72] Abrial J R. Event-based sequential program development: Application to constructing a pointer program// Proceedings of the 11th International Symposium of Formal Methods Europe, LNCS 2805, Springer, 2003:51-54.

[73] Méry D. Refinement-based guidelines for algorithmic systems. International Journal of Software and Informatics, 2009, 3(2/3): 197-239.

[74] Abrial J R, Cansell D C, Méry D. Formal derivation of spanning trees algorithms // Proceedings of the 3rd International Conference on B and Z Users, LNCS 2651. Berlin: Springer, 2004: 457-476.

[75] Smith D R, Green C. Software development by refinement. IEEE Intelligent Systems, 2006: 75-77.

[76] Smith D R. Generating Programs plus Proofs by Refinement// Meyer B, Woodcock J. LNCS 4171. New York: Springer-Verlag, 2008: 182-188.

[77] Williamson K, Healy M. Industrial applications of software synthesis via category theory — case studies using specware. Journal of Automated Software Engineering, 2001, 8 (1): 7-30.

[78] Smith D R. Designware: Software development by refinement//Proceedings of the 8th International Conference on Category Theory and Computer Science, Edinburgh, UK, 1999: 3-21.

[79] Blaine L, Gilham L, Liu J B, et al. Planware: Domain-specific synthesis of high-performance schedulers // Proceedings of the 13th Automated Software Engineering Conference. California, IEEE Computer Society Press, Los Alamitos, 1998: 270-280.

[80] Kestrel Institute and Kestrel Development Corporation. Specware Language Manual. http://www.specware. org/doc.html.

[81] Smith D R. Toward a classification approach to design // Proceedings of the 5th International Conference on Algebraic Methodology and Software Technology, LNCS 1101. New York:

Springer -Verlag, 1996.

[82] Smith D R. Mechanizing the development of software// Broy M. Calculational System Design . Amsterdam: IOS Press, 1999.

[83] Schmid U. Inductive synthesis of functional programs // Carbonell J G , Siekmann. LNCS 2654. New York: Springer-Verlag, 2003.

[84] Ward M. Derivation of a Sorting Algorithm. Technical Report, Durham University, 1999.

[85] Smith D R. Top-down synthesis of divide-and-conquer algorithms. Artificial Intelligence, 1985, 27: 43-96.

[86] Leavens G T, Abrial J R, Batory D, et al. Roadmap for enhanced languages and methods to aid verification // Proceedings of the 5th International Conference on Generative programming and component engineering. New York:ACM Press, 2006:221-236.

[87] Kitzelmann E. Inductive programming: A survey of program synthesis techniques // Schmid U, Kitzelmann E, Plasmeijer R. Proceedings of the ACM SIGPLAN Workshop on Approaches and Applications of Inductive Programming. Scotland: Edinburgh, 2009: 17-28.

[88] Summers P D. A methodology for LISP program construction from examples. Journal of the ACM, 1977, 24(1): 161-175.

[89] Jouannaud J P, Kodratoff Y. Program synthesis from examples of behavior // Biermann A W, Guiho G. Computer Program Synthesis Methodologies . D Reidel Publisher, 1983: 213-250.

[90] Biermann A W, Kodratoff Y, Guiho G. Automatic Program Construction Techniques. New York: The Free Press, 1984.

[91] Kitzelmann E. Analytical inductive functional programming // Proceedings of the 18th International Symposium on Logic-Based Program Synthesis and Transformation, LNCS 5438. New York: Springer-Verlag, 2009: 87-102.

[92] Schmid U, Hofmann M, Kitzelmann E. Inductive Programming: Example-driven Construction of Functional Programs. Report, Faculty Information Systems and Applied Computer Science, University of Bamberg, 2009.

[93] Quinlan J R, Cameron-Jones R M. FOIL: A Midterm Report // Proceedings of the 6th European Conference on Machine Learning, LNCS667. New York: Springer-Verlag, 1993: 3-20.

[94] Muggleton S H, Feng C. Efficient induction of logic programs // Proceedings of the 1st Conference on Algorithmic Learning Theory. Ohmsha, Tokyo, Japan, 1990: 368-381.

[95] Muggleton S H. Inverse entailment and progol. New Generation Computing, Special Issue on Inductive Logic Programming, 1995, 13(3/4): 245-286.

[96] Olsson R. Inductive functional programming using incremental program transformation. Artificial Intelligence, 1995, 74(1): 55-83.

[97] Olsson R. Automatic Design of Algorithms through Evolution (ADATE) // Kitzelmann E, Schmid U. Proceedings of the Workshop on Approaches and Applications of Inductive Programming. Germany: Warsaw, 2007.

[98] Katayama S. Systematic Search for Lambda Expressions // Eekelen V, M C. J D. Revised Selected Papers from the 6th Symposium on Trends in Functional Programming. Intellect, 2007:111-126.

[99] Katayama S. Recent Improvements of MagicHaskeller // Schmid U, Kitzelmann E, Plasmeijer R. Approaches and Applications of Inductive Programming, LNCS 5812. New York: Springer, 2010 :174-193.

[100] Rich C, Waters R C. The Programmer's Apprentice. ACM Press, 1990.

[101] 吕建, 徐家福. 软件自动化的智能化途径. 科学通报, 1993, 38(2):184-185.

[102] 康立山, 陈毓屏. 自动程序设计探索: 论遗传程序设计. 软件学报, 1997, 6(S): 182-188 .

[103] 吴少岩, 陈火旺. 自动程序设计模拟进化的途径. 计算机学报, 1997, 20(2): 97-104.

[104] Stahl T, Voelter M. 模型驱动软件开发: 技术、工程与管理. 杨华, 高猛, 译. 北京: 清华大学出版社, 2009.

[105] Tankogen tool homepage. http://tankogen.free.fr/.

[106] Czarnecki K, Eisenecker U W. Generative Programming: Methods, Tools, and Applications. Reading, MA: Addison-Wesley, 2000.

[107] Czarnecki K. Overview of Generative Software Development. LNCS 3566, Mont Saint-Michel, 2005: 313-328.

[108] Xue J Y, Ruth D. A simple program whose derivation and proof is also // Proceedings of the 1st IEEE International Conference on Formal Engineering Method. IEEE CS Press, 1997:132-139.

[109] Xue J Y. A Derivation and proof of Knuth's binary to decimal program. Software: Concepts and Tools, 1997, 18(9): 149-156.

[110] Xue J Y, Yang B, Zuo Z K. A linear in-situ algorithm for the power of cyclic permutation// LNCS 5209. Berlin: Springer-Verlag, 2008: 113-123.

[111] Xue J Y. A Practicable Approach for Formal Development of Algorithmic Programs // Lu J, Noro M. Proceedings of the International Symposium on Future Software Technology. Software Engineers Associations of Japan, October, 1999.

[112] 薛锦云, 杨庆红, 万剑怡, 等. 程序设计方法学. 北京: 高等教育出版社, 2002.

[113] Xue J Y. Formal derivation of graph algorithmic programs using partition-and-recur. Journal of Computer Science and Technology, 1998, 13(6): 553-561.

[114] Xue J Y. Developing the generic path algorithmic program and its instantiations using PAR method // Proceedings of the 2nd Asian Workshop on Programming Languages, Korea Advanced Institute of Science and Technology, Korea, 2001.

[115] Harel D, Feldman Y. Algorithmics: The Spirit of Computing. 3rd ed. New Jersey: Addison-Wesley, 2004.

[116] 陈意云. 计算机科学中的范畴论. 合肥: 中国科学技术大学出版社, 1993.

[117] Fiadeiro J L. Categories for Software Engineering. Berlin: Springer, 2004.

[118] Goguen J A. Principles of parameterized programming // Software Reusability: Concepts and Models, 1989: 159-225.

[119] Backhouse R, Jansson P, Jeuring J, et al. Generic programming: An introduction // Advanced Functional Programming. LNCS 1608. Berlin: Springer, 1999:28-115.

[120] 左孝凌, 李为镒, 刘永才. 离散数学. 上海: 上海科学技术文献出版社, 1982.

[121] 李云清, 杨庆红, 薛锦云. 基于集合与序列的 Ada 可复用部件及应用. 计算机工程, 1998, 24(11): 23-25.

[122] 薛锦云, 李云清, 杨庆红. 若干新的可重用部件模式. 计算机研究与发展, 1993, 30(1): 39-44.

[123] Jian L. Developing parallel object-oriented programs in the framework of VDM. Annals of Software Engineering, 1996, 2(1): 199-211.

[124] Czarnecki K, Eisenecker U W, Czarnecki K. Generative Programming: Methods, Tools, and Applications. Reading: Addison Wesley, 2000.

[125] Neighbors J M. Draco: A method for engineering reusable software systems. Software Reusability, 1989, 1: 295-319.

[126] 胡阔见, 魏长江. 基于构件的领域工程实现. 计算机工程与科学, 2008, 30(4): 92-94.

[127] Lee K, Kang K C, Lee J. Concepts and guidelines of feature modeling for product line software engineering//International Conference on Software Reuse. Berlin, Heidelberg: Springer, 2002: 62-77.

[128] Chen Y, Jiang Z, Zhao W, et al. Generic Component: A Generic Programming Approach// IEEE International Conference on Computer and Information Technology. IEEE Computer Society, 2007: 87-92.

[129] Yallop J. Staging generic programming// ACM SIGPLAN Workshop on Partial Evaluation and Program Manipulation. ACM, 2016: 85-96.

[130] Järvi J, Lumsdaine A, Gregor D P, et al. Generic programming and high-performance libraries. International Journal of Parallel Programming, 2005, 33(2):145-164.

[131] Wirth N. Algorithms + Data Structures = Programs. New Jersey: Prentice Hall Press, 1976.

[132] Garcia R, Jarvi J, Lumsdaine A, et al. An extended comparative study of language support for generic programming. Journal of Functional Programming, 2007, 17(2): 145-205.

[133] Dale N, Walker H M. Abstract Data Types. Specifications, Implementations, and Applications. D C Heath and Company, 1996.

[134] 王勇献. 生物信息学导论: 面向高性能计算的算法与应用. 北京: 清华大学出版社, 2011.

[135] Henikoff H J G. Amino acid substitution matrices from protein blocks. Proceedings of the National Academy of Sciences of the United States of America, 1992, 89(22):10915-10919.

[136] Higgins D G, Sharp P M. CLUSTAL: A package for performing multiple sequence alignment on a microcomputer. Gene, 1988, 73(1): 237-244.

[137] Thompson J D, Higgins D G, Gibson T J. CLUSTAL W: improving the sensitivity of progressive multiple sequence alignment through sequence weighting, position-specific gap penalties and weight matrix choice. Nucleic Acids Research, 1994, 22(22): 4673-4680.

[138] Jeanmougin F, Thompson J D, Gouy M, et al. Multiple sequence alignment with Clustal X. Trends in Biochemical Sciences, 1998, 23(10): 403-405.

[139] Ortuno F M, Valenzuela O, Rojas F, et al. Optimizing multiple sequence alignments using a genetic algorithm based on three objectives: Structural information, non-gaps percentage and totally conserved columns. Bioinformatics, 2013, 29(17): 2112-2121.

[140] Naznin F, Sarker R, Essam D. Vertical decomposition with genetic algorithm for multiple sequence alignment. BMC Bioinformatics, 2011, 12(1):1-26.

[141] Lindgreen S, Gardner P P, Krogh A. MASTR: Multiple alignment and structure prediction of

non-coding RNAs using simulated annealing. Bioinformatics, 2007, 23(24): 3304-3311.

[142] Mamano N, Hayes W B. SANA: Simulated annealing far outperforms many other search algorithms for biological network alignment. Bioinformatics, 2017, 33(14): 2156-2164.

[143] Gaëta B A, Malming H R, Jackson K J L, et al. iHMMune-align: Hidden Markov model-based alignment and identification of germline genes in rearranged immunoglobulin gene sequences. Bioinformatics, 2007, 23(13): 1580-1587.

[144] Liu Y, Schmidt B, Maskell D L. MSAProbs: multiple sequence alignment based on pair hidden Markov models and partition function posterior probabilities. Bioinformatics, 2010, 26(16): 1958-1964.

[145] Notredame C, Higgins D G. SAGA: sequence alignment by genetic algorithm. Nucleic Acids Research, 1997, 25(22): 1515-1524.

[146] 张伟, 梅宏. 一种面向特征的领域模型及其建模过程. 软件学报, 2003, 14(8): 5-16.

[147] 邹权, 郭茂祖, 王晓凯, 等. 基于关键字树的 DNA 多序列星比对算法. 电子学报, 2009, 37(8): 1746-1750.

[148] Zou Q, Hu Q, Guo M, et al. HAlign: Fast multiple similar DNA/RNA sequence alignment based on the centre star strategy. Bioinformatics, 2015, 31(15): 2475-2481.

附录　Radl 规约文法

〈Radl 规约〉::= < 标识符说明><前置断言><后置断言>

<标识符说明> ::= "|[" <输入变量说明>";" <输出变量说明>[";" <辅助变量说明>]"]|" <EOL>

<输入变量说明> ::= "in" <变量说明>

<输出变量说明> ::= "out" <变量说明>

<辅助变量说明> ::= "aux" <变量说明>

<变量说明> ::= <标识符> {"," <标识符>} ":" <类型> {"," <标识符> {"，" <标识符>} ":" <类型>}

< 标识符> ::= < 简单标识符>| < 复合标识符>

< 简单标识符> ::= < 字母>{< 字母>| < 数字>| < 下划线>}

< 复合标识符> ::= < 数组标识符>| < 集合标识符>| < 包标识符>|
　　< 序列标识符>| < 树标识符>| < 图标识符>

< 数组标识符> ::= < 简单标识符>"[" < 数组界>{"," < 数组界>}"]" //可能是多维数组

< 数组界> ::= < 整型常量>| < 简单标识符>":" < 整型常量>| < 简单标识符>

< 集合标识符> ::= < 简单标识符>["[" < 整型常量>"]"] //区分有界和无界

< 包标识符> ::= < 简单标识符>["[" < 整型常量>"]"]

< 序列标识符> ::= < 简单标识符>["[" < 整型常量>"]"]

< 树标识符> ::= < 简单标识符>

< 图标识符> ::= < 简单标识符>["(" < 整型常量>| < 简单标识符>"," < 整型常量>| < 简单标识符>")"]

< 类型> ::= < 简单类型>| < 复合类型>| < 自定义类型>

< 简单类型> ::= integer | real | boolean | char

< 复合类型> ::= < 数组类型>| < 集合类型>| < 包类型>| < 序列类型>| < 树类型>| < 图类型>

< 数组类型> ::= "array of " < 类型>

< 集合类型> ::= "set of " < 类型>

< 包类型> ::="bag of " < 类型>

< 序列类型> ::="list of " < 类型>

< 树类型> ::="btree of " < 类型>

< 图类型> ::="digraph of " < 类型>

< 自定义类型> ::= < 简单标识符> //自定义类型名

< 前置断言> : : = "AQ: " < 一阶逻辑谓词表达式>";" < EOL>

< 后置断言> : : = "AR: " < 一阶逻辑谓词表达式>";" < EOL>

< 一阶逻辑谓词表达式> ::= < 布尔表达式>|"(" < 量词> < 约束变量>":" < 范围>":" < 函数部分>")"

< 布尔表达式> ::= "true" | "false" | < 关系表达式>

< 量词> :: =∀ |∃|∑| ∏| MAX| MIN| N

< 约束变量> ::= < 简单标识符>{" , " < 简单标识符>}

< 范围> ::= < 一阶逻辑谓词表达式>

< 函数部分> ::= < 一阶逻辑谓词表达式>

< 表达式> ::= < 简单表达式>{< 特殊运算符> < 简单表达式>}

< 简单表达式> ::= < 项>{< 加法运算符> < 项>}

< 项> ::= < 因子>{< 乘法运算符> < 因子>}

< 因子> ::="¬ " < 因子>|"#" < 因子>| < 变量>|"(" < 表达式>")"| < 函数调用>| < 常量>

< 加法运算符> ::= +|-

< 乘法运算符> ::=*|/

< 特殊运算符> ::= < 关系运算符>| < 布尔运算符>

< 关系运算符> ::= ≠ | = |<| ≤ |>| ≥

< 布尔运算符> ::= ∨ | ∧| Cand | Cor |= | =>

其中， < EOL>表示"end-of-line".